Peter Himmelhuber

Spalierobst im Hausgarten

Viel Obst auf kleiner Fläche: Hauswände, Mauern, Hecken, Carports und Pergolen bepflanzen

ökobuch

Dank

Ein besonderer Dank geht an die Gartenbesitzer und Sichtungsgärten, die mir die Möglichkeit gaben, zu fotografieren.

Bibliografische Information der Deutschen Nationalbibliothek

Die Deutsche Nationalbibliothek verzeichnet diese Publikation in der Deutschen Nationalbibliografie; detaillierte bibliografische Angaben sind im Internet unter http://dnb.d-nb.de abrufbar.

Unsere Bücher werden nach höchsten Ansprüchen an Nachhaltigkeit und Ökologie produziert und wir optimieren ständig weiter:

- Papiere und Pappen sind FSC® oder PEFC™ zertifiziert
- Druckfarben auf Pflanzenölbasis
- Druckplattenbelichtung komplett chemiefrei
- Klebstoffe lösungsmittelfrei
- 100% Öko-Strom bei Druck und Bindung
- Müllvermeidung und Recycling bei der Produktion
- kurze Wege, gedruckt in Deutschland

ISBN 978-3-936896-87-9

2. Auflage 2021

Königstr. 43, 26180 Rastede
E-Mail: verlag@oekobuch.de
http://www.oekobuch.de

Druck: Grafisches Centrum Cuno, Calbe

FSC
www.fsc.org
MIX
Papier aus verantwortungsvollen Quellen
FSC® C043106

Die Fotos und Zeichnungen im Innenteil des Buches stammen vom Autor, ausgenommen die Bilder 1.1, 1.2, 1.4, 1.6, 2.2, Seite 32 (3.0), Seite 54 (4.0) , 4.6, 4.11 und 4.18 sowie die Bilder auf den Seiten 61 und 62, die von Claudia Lorenz-Ladener beigetragen wurden.

Foto Nr. 1 auf dem Umschlag stammt von Claudia Lorenz-Ladener, alle anderen (2-4) stammen vom Autor.

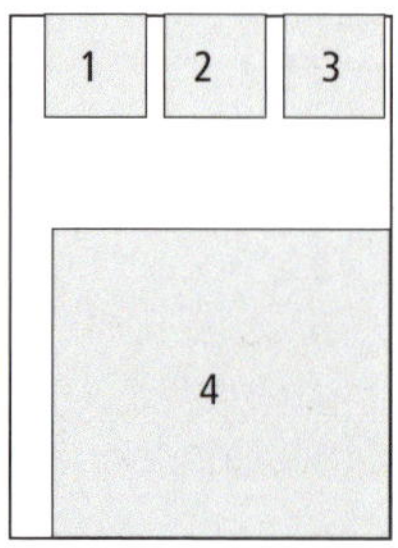

Inhaltsverzeichnis

1

1 Spalierobst im Hausgarten

Der Anbau von Spalierobst ist eine Sonderform des Obstanbaus. Anders als im Erwerbsobstbau, der durch optimierte Flächenausnutzung und intensive Anbaumethoden geprägt ist, kann der Anbau von Spalierobst im Hausgarten eher als eine extensive Anbaumethode betrachtet werden, auch wenn der Hobbygärtner eine gewisse Vielfalt an Obst im Garten sicher zu schätzen weiß. Somit ist klar: Neben der Anlage und Gestaltung von Spalieren, Rankgerüsten und Obsthecken wird es in diesem Buch immer wieder auch um den Obstbau und damit um Fragen der Arten- und Sortenwahl, der Pflege und Ernte des Obstes und um den richtigen Schnitt der Gehölze gehen.

1.1 (linke Seite)
Kaskade aus Spalieren, Schloss Sanssouci in Potsdam. Fürsten und Schlossherrn hatten in früheren Zeiten die Mittel, um kundige Gärtner zu beschäftigen, die sich um die Züchtung und Pflege von Spalierobst kümmerten.

Argumente für den Spalierobst-Anbau

Der Obstanbau am Spalier, d.h. das Ziehen von Obstgehölzen an freistehenden Gerüsten oder vor Mauern und Gebäuden, hat mehrere Vorteile, so dass diese Kulturform, die traditionell auf Landgütern und Schlössern gepflegt wurde, auch in Hausgärten immer beliebter wird:

- Die Möglichkeit, Obst auf kleiner Fläche anzubauen bei optimaler Nutzung des begrenzten Platzangebotes
- günstige Wachstumsbedingungen für Obstgehölze durch mildes Mikroklima am Spalier und durch die schützende und wärmespeichernde Funktion der Wand
- leichtere Pflege (Schnitt) und bessere Erreichbarkeit der Früchte bei der Ernte
- Zusätzlicher Nutzen durch attraktive Fassadenbegrünung und Grünraumgestaltung.

Wer sich die notwendigen Kenntnisse über Pflege und Schnitt der Gehölze aneignet, die hier im Buch beschrieben werden, kann viele Jahre auf eine gute Ernte hoffen.
Von Natur aus bilden Obstbäume mehr oder weniger große Kronen mit verzweigtem Astwerk. Statt der Natur freien Lauf zu lassen, können sie aber auch, richtige Sorten und entsprechende Pflege vorausgesetzt, durch Schnitt zu Spalierbäumen geformt werden, indem die Äste in bestimmte Vorzugsrichtungen geführt und fixiert werden. Spalierbäume eignen sich vorzüglich zur Begrünung von Hauswänden und Mauern, wobei die geschützte Lage – insbesondere bei Mauern mit Südost- bis Südwest-Orientierung – mikroklimatisch günstige

1.2
Detail der Spalieranlage im Schloss Sanssouci: Vor der Mauer wächst Wein, in den Nischen hinter den geöffneten Fenstern gedeihen üppige Feigenbäume, die durch Schließen der Fenster vor strengen Frösten geschützt werden können.

2

1.3
Das Birnenspalier wurde an Stahlseilen gezogen, die in geringen Abständen gespannt sind. Die Sorte 'Williams Christ' ist eine gute Befruchter-Sorte für andere Birnbäume.

1.4
Ein Spalierbaum gibt der Fassade ein „Gesicht". Dazu tragen sowohl das Gerüst, als auch der Baum selbst bei.

1.5
Birnbäume gedeihen vorzugsweise an sonnigen Wänden. Hier wurden 2 Sorten, die gleichzeitig blühen, gepflanzt.

1.6
Eine nordseitige Mauer schützt vor kaltem Wind und speichert eingestrahlte Sonnenenergie.

Wachstumsbedingungen bietet. Anders als Kletterpflanzen wie Efeu oder selbstklimmender Wein haben die Spalierbäume am Haus keinen direkten Kontakt mit dem Mauerwerk. Sie wachsen vielmehr in geringem Abstand zur Mauer und sind an eigens dafür vorgesehenen Stützgerüsten angebunden. Gebäudeschäden, etwa durch Triebe, die unter das Dach kriechen, oder durch Haftwurzeln am Putz sind daher nicht zu befürchten. Selbstverständlich muss das Gebäude wurzelsicher gegründet sein, d.h. der Keller braucht eine massive Wand, die bis in frostsichere Tiefe reicht. In der Regel bestehen die Kellerwände heute ohnehin aus Beton und sie sind mit Dämmmaterial und Dränagematten (Grundmauerschutz) gegenüber dem Erdreich isoliert. Nur bei alten Gebäuden, insbesondere solchen aus Bruchsteinen, ist Vorsicht geboten. Dort sollten Sie vor einer Begrünung der Hauswand mit Spalierobst ggf. einen Wurzelschutz einbauen, was in der Regel ein Aufgraben des Fundamentbereiches erfordert.
Ebenso gut können die Spalierbäume auch abseits vom Haus an ein Nebengebäude oder an eine Gartenmauer gepflanzt werden. Bei günstiger Orientierung sind diese Standorte für den Obstanbau mikroklimatisch ähnlich vorteilhaft wie vor Hauswänden. Auch dort wird man die Spaliere so anlegen und formen, dass sie zur Gestaltung der Mauer und des Gartenraumes beitragen.
Spaliergehölze können aber auch an frei stehenden Gerüsten als Raumteiler oder entlang der Grenze als Obsthe-

1.7
Eine Weinlaube am Haus ist ein gerne genutzter Freisitz. Die sommergrünen Reben bieten während der warmen Monate einen Sonnenschutz und stören im Winter nicht.

1.8
Johannisbeeren lassen sich nicht nur als Sträucher, sondern auch eintriebig ziehen.

cke gezogen werden. Die räumliche Aufteilung des Gartens mit geschickter Nutzung des Platzes ist von Fall zu Fall zu überlegen, maßgebend sind vor allem die örtlichen Gegebenheiten und die individuellen Wünsche der Gartenbesitzer. Durch die Vielfalt an Spalierformen und eine gezielte Auswahl an Obst-Arten und –Sorten dürfte es nicht schwerfallen, fruchtbare Gartenräume zu gestalten.
Am Spalier gezogene Gehölze benötigen weniger Platz als bei freiem Wuchs und lassen sich je nach Art auch ziemlich schmal halten, etwa so wie bei Weinreben, die an Spannseile angebunden in langen Reihen gezogen werden.
Natürlich sind auch breitere Pflanzstreifen mit Obstgehölzen am Spalier möglich, wenn z.B. eine Hecke als wirksamer Windschutz gegen Norden oder Westen gewünscht ist. Dazu eignen sich beispielsweise Obstgehölze in Form von Spindelbuschbäumchen. Ein so günstiges geschütztes Kleinklima wie vor einer nach Süden orientierten Mauer oder Hauswand darf dort allerdings nicht erwartet werden, was es bei der Arten- und Sortenwahl für solche Standorte zu berücksichtigen gilt. Für die Hecke können durchaus verschiedene Obst-Arten und Sorten miteinander kombiniert werden, um ein vielseitiges Angebot an Früchten zu haben und den Erntezeitraum vom Sommer bis in den Spätherbst zu strecken. So lässt sich z.B. die Apfelernte durch geschickte Sortenwahl, im Juli mit dem 'Klarapfel' beginnend, mit 'James Grieve' im August und 'Elstar' im September bis in den Oktober hinein mit 'Gloster' fortsetzen. Aufgrund ihrer geringen Größe erlauben die Spindelbäumchen den Anbau verschiedener Sorten auf kleinem Raum. So ist auch im Hausgarten genug Platz für seltenere Sorten, die als Frucht im Handel kaum angeboten werden.

Welche Obstarten sind geeignet?

Von den Obstarten eignen sich für den Spalieranbau vor allem Äpfel und Birnen. Aber auch Pflaumen, Kirschen, Pfirsiche und Aprikosen sowie Quitten und Feigen werden als kleinwüchsige Niedrigstamm-Bäume angeboten und lassen sich in Formen ziehen. Von diesen Obstarten gibt es inzwischen auch die kleineren Formen Spindelbüsche und Säulenobst.
Daneben können rankende bzw. schlingende Pflanzen, hier im Wesentlichen Trauben und Kiwis, an Spannseilen gezogen werden oder zur Begrünung von Pergolen und Rankgerüsten angebaut werden.
Zur Anlage fruchtbarer Hecken kommen besonders die klassischen Sträucher wie Johannisbeeren, Himbeeren, Brombeeren und Stachelbee-

1.9
Kiwis sind starkwüchsige Schlinger. Sie bringen mehrere Meter lange Jahrestriebe hervor.

1.10
An einem freistehenden Spalier aus Metallpfosten und Spannseilen lassen sich sowohl Kletterpflanzen wie Weinreben, als auch Spindelbuschbäumchen wie Birnen und Asienbirnen ziehen.

ren in Betracht, wobei nur Himbeeren und Brombeeren ein stützendes Gerüst bzw. Halt an gespannten Drähten zwingend erfordern.

Wuchs- und Erziehungsformen

Obstspaliere haben Tradition, seitdem Obst in Gärten kultiviert wird. Das gilt nicht nur für Weinreben, die sich leicht in beliebige Formen bringen lassen und als Ranker auf stützende Strukturen angewiesen sind. Apfel- und Birnenspaliere konnten früher aufgrund der enormen Wuchsstärken nur an hohen Wänden gezogen werden. Erst durch Züchtung von schwachwachsenden Unterlagen und dazu passenden Sorten fanden Niedrigstamm-Formen und Spindelbüsche Verbreitung (siehe auch S. 33). Die kleinen Bäumchen, auch Spindelbüsche genannt, werden heute vorzugsweise in langen Reihen in den Plantagen kultiviert und prägen in den Obstbauregionen das Landschaftsbild. Dass alle Teile des Baumes ohne Klettern erreichbar sind, erleichtert die Pflege der Bäume und vor allem die Ernte des Obstes ganz erheblich. Allerdings brauchen die Niedrigstamm-Bäume und Spindelbüsche lebenslang stabile Stützen, weil sie durch ihr schwaches Wurzelwerk windwurfgefährdet sind. In den Plantagen dienen dazu meist Betonpfeiler und Stahlseile, im Hausgarten bieten sich stattdessen eher Pflöcke, Spaliere und Rankgerüste an.

Nachteilig gegenüber den großen Hausbäumen, die mehr als 50 Jahre alt werden können, ist die geringere Lebenszeit der Spindelbüsche. Meistens beginnen sie schon nach ca. 15 Jahren zu vergreisen. Das zeigt sich daran, dass ihre Vitalität nachlässt und der jährliche Zuwachs sich auf kurze schwache Triebe beschränkt. Da sie flacher wurzeln, reagieren sie außerdem empfindlicher auf längere Trockenperioden bzw. müssen bei Trockenheit regelmäßig bewässert werden.

Die Wüchsigkeit ist aber auch von anderen Faktoren abhängig, vor allem von der Bodenqualität, vom Schnitt und von der Düngung. Auch deshalb lohnt es sich, verschiedene Spalier-Arten im Garten anzusiedeln. Das kann neben einer Obsthecke aus Spindelbuschbäumen an der Grundstückgrenze eine Weinlaube an der Terrasse sein, ergänzt um eine Pergola mit Kiwis an einem etwas abseits gelegenen Zweitsitzplatz im Garten, eine weitere Weinrebe an einem Gartenzaun, ein Brombeerspalier an der Grenze zum Gemüsegarten sowie ein Birnenspalier an der Giebelseite des Wohnhauses.

Form	Stammhöhe*	Unterlage	Baumhöhe**	Pflanzabstand
Hochstamm	>1,8 m	stark wachsend	6-10 m	6-10 m
Halbstamm	ca. 1,2 m	stark wachsend	6-10 m	6-10 m
Niedrigstamm	ca. 0,8-1,0 m	mittelstark wachsend	4-6 m	5-8 m
Busch	ca. 0,6 m	schwach oder mittelstark wachsend	2-6 m	4-6 m
Spindelbusch	ca. 0,4 m	schwach wachsend	2-3 m	1,5-3 m
Säulenobst	ca. 0,4 m	schwach wachsend	2-3 m	0,6-1,6 m

* Höhe bis zum 1. Seitenast ** Kronenhöhe des erwachsenen Baumes

Tabelle 1.1: Wuchsformen und Größen von Obstbäumen

Die Obst-Arten in Verbindung mit den verschiedenen Erziehungsformen eröffnen dem Hobby-Obstbauern vielfältige Gestaltungsmöglichkeiten. Im Prinzip ist jeder Baum, der auf einer schwachwachsenden oder mittelstark wachsenden Unterlage veredelt wurde, für die Spaliererziehung geeignet.

Blüten, Blätter, Früchte

Ein weiteres Argument für Spalierobst ist, dass es im Gegensatz zu anderen Ziergehölzen im Garten nicht nur reichlich dekorative Blüten entfaltet, sondern auch eine Fülle an Früchten trägt. Die Blüten sind im Frühjahr wertvolle Bienenweiden und Nektarquellen für andere Insekten. Sie dienen auch als Pollenspender für Bäume der gleichen Art im eigenen Garten und über die Grundstücksgrenzen hinaus für die Nachbargärten. Daher sollte die Sortenwahl auch im Hinblick auf die Bestäubung getroffen werden. So sind z.B. die Apfelbäume selbstunfruchtbar und auf die Bestäubung durch Bienen oder Hummeln mit Pollen von einem Baum einer geeigneten Apfelsorte angewiesen, sonst fruchten sie nicht. Das gilt auch für Birnbäume, Kirschbäume und die meisten Zwetschgen. Dagegen sind u.a. Weinreben, Aprikosen und Quitten selbstfruchtbar, d.h., bei ihnen genügt eine Pflanze, um Früchte zu bekommen (Einzelheiten dazu bei den Sortenbeschreibungen).

Ein besonderer Wert der Obstspaliere besteht darin, dass die Früchte durch den geschützten Stand am Haus optimal ausreifen können, noch dazu, wenn die Gehölze an einer Südseite stehen. Dort kann u.a. bei Spätfrostgefahr zur Blütezeit ein Aprikosenspalier mit Vlies recht einfach abgedeckt werden, so dass die Blüten vom Frost verschont bleiben. Ein Weinspalier kann zur Reifezeit der Trauben mit einem Schutznetz vor Staren und anderen Vögeln geschützt werden – wenn das gewollt ist. Anders als im gewerblichen Weinbau, wo die Winzer von guten Erträgen abhängig sind, kann im Garten zugunsten der Tiere auch auf ein paar Trauben verzichtet werden.

1.11
Pfirsichbäume sind selbstfruchtbar. Es genügt also ein Exemplar um Früchte zu bekommen. Das gilt auch für Nektarinen, eine besondere Pfirsich-Züchtung mit glatter Haut.

Vielfältig nützliche Begrünung

Obstgehölze sind nützliche Pflanzen, nicht nur wegen ihrer Blüten und Früchte, sondern auch durch das Blattwerk. Eine Obsthecke an der Grundstücksgrenze kann mit ihrem dichten Laub einen Sichtschutz und Windschutz zur nahen Straße oder zum Nachbargarten bieten. Auch ein Zaun lässt sich durch Begrünung mit Weinreben und/oder Kiwis einigermaßen dicht gestalten. Ein mit Wein bewachsenes Rankgerüst über der Terrasse bildet ein nach oben hin dichtes Schattendach, sobald es zugewachsen und eine Art Weinlaube entstanden ist. Das Blattwerk der Reben verdunstet an heißen Sommertagen viel Wasser und trägt so auch zur Verbesserung des Kleinklimas bei. Weniger zur Freude der Besitzer, als mehr zur Versorgung sind die Trauben dann im Spätsommer für Amseln und andere Vögel nützlich. Gerne werden dich-

1.12
Neben anderen Insekten sind es die Honigbienen, die wesentlich für gute Obst-Erträge sorgen. Sie sammeln Nektar und bestäuben dabei die Blüten (u.a. Apfelblüten).

te Lauben auch als Brutplätze aufgesucht, weil sie in luftiger Höhe einigermaßen vor Katzen geschützt sind. Gleichermaßen können Spalierobstbäume für den Nestbau nützlich sein.

Sorten-Wahl

Die grundsätzliche Entscheidung für Spalierobst im Garten dürfte in Erwartung reicher Ernten meistens leicht fallen. Auch der Arbeitseinsatz für Pflege und Ernte spricht kaum dagegen. Zudem sind Obstgehölze willkommene Zierpflanzen. Ein Höhepunkt im Gartenjahr ist die Blütenfülle im Frühjahr. Welche Arten und Formen gepflanzt werden, ist eine Frage des Geschmacks. Die Anzahl der Bäume richtet sich natürlich nach der Gartengröße und dem verfügbaren Platz.
Die kleinbleibenden Züchtungen, insbesondere Apfel- und Birnenbuschbäume auf schwachwachsenden Unterlagen, brauchen relativ wenig Platz und machen die Pflanzung mehrerer Sorten möglich. Ein Aspekt der Sortenwahl ist die Verlängerung des Erntezeitraumes. Bei Äpfeln und bei Birnen sind drei Sorten empfehlenswert und zwar jeweils eine Sommer-, eine Herbst- und eine Winter-Sorte (vgl. Tab. 3.1 und 3.2). Beim Apfel können das z.B. die Sorten 'James Grieve', 'Goldparmäne' und 'Boskoop' sein. Bei Birnen sind etwa 'Williams Christ' als frühe Sorte zu empfehlen, als Herbstsorte 'Gellerts Butterbirne' und als späte Lagerbirne die 'Gräfin von Paris'. Damit hat man vom Sommer bis in den Winter hinein frische Früchte von eigenen Kernobst-Bäumen. Ein ähnlicher Sorten-Mix zur Verlängerung der Ernte-Saison empfiehlt sich beim Steinobst.
Im Vergleich zu Kronenbäumen bringt bei allen diesen Bäumen die Erziehung als Spalier eine bessere Nutzung des begrenzten Platzangebotes.

Schnitt der Obstgehölze

Das Formen von Obstgehölzen am Spalier ist ohne wiederholten und gezielten Schnitt der Bäume nicht möglich. Nun bedarf der Schnitt von Obstbäumen generell einiger Kenntnisse und Übung. Erste Grundkenntnisse und einige Erfahrungen werden in Kapitel 6 vermittelt; wer in das Thema tiefer einsteigen will, für den empfiehlt es sich jedoch, an Kursen teilzunehmen, die im Winter oft von Obst- und Gartenbauvereinen durchgeführt werden. Die in solchen Kursen vermittelten Kenntnisse sind auch bei Pflege und Schnitt von Spalierbäumen hilfreich. In der Praxis wird die Pflege durch die Spaliererziehung eher leichter, weil keine Kronen gebildet werden, sondern die Spaliere die Erziehungsformen vorgeben und alle Teile der Gehölze besser erreichbar sind.

1.13
Bei Weinreben erfolgt der Schnitt nicht knapp über einer Knospe (wie bei Apfelbäumen), sondern zwischen zwei Knospen. Dadurch bleibt ein Zapfen stehen, der eintrocknet.

Die Befruchtung der Obstgehölze

Die Fruchterträge im Garten sind nicht nur vom Schnitt, von der Düngung und von anderen Pflegearbeiten abhängig, auch günstige Bestäubungsverhältnisse wirken sich auf die Menge der Früchte sehr stark aus. Neben anderen Insekten tragen vor allem die Bienen zur Bestäubung der Obstgehölze bei. Selbstunfruchtbare Obstgehölze wie Apfel, Birne und Süßkirsche sind vom Blütenstaub anderer Befruchter-Sorten der gleichen Art abhängig. Einzelne Bäume dieses Typs fruchten nicht (oder nur selten). Es lohnt sich deshalb, stets mehrere verschiedene Sorten einer Obst-Art in den Garten zu pflanzen. Natürlich können auch Bäume in Nachbargärten als Pollenspender dienen. Mischpflanzungen wirken sich gegenseitig günstig aus. Damit die Bienen nur kurze Strecken zurücklegen müssen, sind geringe Abstände zwischen den Obstgehölzen von Vorteil.

Auch bei selbstfruchtbaren Arten wie Quitte, Johannisbeere, Aprikose, Pfirsich oder Weinrebe, die auch als Einzelexemplare fruchten, führt ein Sorten-Mix zu besseren Erträgen. Zudem entsteht durch Sorten-Vielfalt ein größeres Angebot an verschiedenen Früchten (z.B. Äpfel mit verschiedenen Erntezeiten; rote, weiße und schwarze Sorten bei Johannisbeeren). Zum besseren Verständnis und der Vollständigkeit halber: Bei Windblütlern wie Hasel, Walnussbaum oder Esskastanien tragen Bienen nur wenig zur Bestäubung bei. Diese Obstgehölze sind zur Blütezeit auf günstige Luftströmungen angewiesen.

Pollenspender ansiedeln

Es ist also förderlich, günstige Kombinationen zu schaffen und solche Sorten zusammen zu pflanzen, die sich gegenseitig bestäuben. Und es lohnt sich, die Sorten auch mit den Nachbarn abzusprechen und auszuwählen. Die Entfernungen zwischen den Bäumen sollten nicht zu groß sein, denn je weiter die Bienen, Hummeln und andere Insekten fliegen müssen, desto schwieriger wird die Bestäubung und umso schlechter sind später die Erträge. Anhand von Befruchtungstabellen (vgl. Tabelle 1.2, S. 12) lässt sich feststellen, welche Sorten zueinander passen. Sie wurden von Obstspezialisten zusammengestellt und sind allgemein gültig. Selbstverständlich können sich nur solche Sorten gegenseitig bestäuben, die zur gleichen Zeit blühen. Eine günstige Kombination verschiedener Apfelbäume besteht z.B. aus 'Cox Orange Renette', 'Golden Delicious' und 'James Grieve'. Mit Hilfe solcher Tabellen oder Listen, die in den Baumschulen vorhanden sind, lassen sich natürlich auch andere günstige Kombinationen finden.

Wenn ein bereits vorhandener Obstbaum im Garten blüht, aber wiederholt nicht fruchtet, sind die Ursachen meist eine fehlende Befruchter-Sorte oder sehr regnerisches Wetter während der Blütezeit. Wenn die Insekten nicht fliegen können, findet natürlich auch keine Bestäubung statt. Die Obstbauern stellen deshalb zur Blütezeit Bienenhäuser in die Plantagen. Auf diese Weise werden sehr viele Blüten bestäubt, während die Bienen bei dieser Aktion reichlich Nektar für Honig zusammentragen. Im Hausgarten ist das Aufstellen von Bienenkörben unnötig, zumal in jeder Ortschaft meist ein Imker angesiedelt ist. Außerdem suchen auch Hummeln, Wildbienen und andere Insekten die Obstblüten auf und übertragen beim Nektarsammeln den Blütenstaub.

1.14: Honigbiene auf Apfelblüte.

1.15: Im eigenen Garten ist auch der Anbau seltener Obst-Sorten möglich, deren Früchte im Handel nicht zu bekommen sind (z.B. 'Schweizer Orangenapfel').

1.16
Bezugsquellen für Jungpflanzen von besonderen Sorten (hier der 'Öhringer Blutstreifling') sind im Internet zu finden.

1.17: Der 'Topaz' ist eine jüngere Sorte, die in Tschechien gezüchtet wurde.

1.18: Als guter alter Sommerapfel lässt sich der 'Gravensteiner' nur im Hausgarten kultivieren, weil er nicht lange haltbar und nicht transportfähig ist.

Nr.	Sorte	Befruchtersorten
1	Akane	19, 21, 28
2	Alkmene	9, 21, 34, 54
3	Ananasrenette	9, 21
4	Berlepsch	9, 10, 34
5	Biesterfelder Renette	4, 9, 15, 21, 34
6	Bohnapfel	9, 21
7	Brettacher	12, 18, 21
8	Champagner Renette	9, 18, 21, 34
9	Cox Orange Renette	2, 4, 12, 19, 21, 34
10	Discovery	2, 9, 34
11	Dülmener Rosenapfel	9, 19, 39
12	Elstar	9, 18, 34, 41, 42, 44
13	Finkenwerder	9, 12, 19, 21, 34, 38, 54
14	Gala	9, 34, 39
15	Geheimrat Oldenburg	9, 34, 39
16	Gelber Edelapfel	9, 21
17	Gewürzluiken	8, 18, 21, 30, 56
18	Gloster	9, 13, 19, 28, 56
19	Golden Delicious	9, 12, 18, 21, 34, 56
20	Goldrenette von Blenheim	9, 28, 39
21	Goldparmäne	2, 4, 9, 39
22	Grahams Jubiläumsapfel	18, 41
23	Gravensteiner	4, 9, 21, 34, 39, 54
24	Granny Smith	18, 19, 28, 48
25	Hauxapfel	2, 9, 15, 21, 34
26	Holsteiner Cox	12, 21, 29, 30, 33, 34
27	Horneburger	9, 18, 21, 29, 30, 56
28	Idared	4, 19, 21, 29, 30, 56
29	Ingol	9, 19, 21, 33, 34
30	Ingrid Marie	9, 19, 21, 34

Nr.	Sorte	Befruchtersorten
31	Jacob Fischer	2, 4, 21, 34, 44, 53
32	Jacob Lebel	9, 30, 41, 46
33	Jamba	2, 9, 29, 30, 34, 39, 54
34	James Grieve	2, 4, 9, 21, 28, 54, 56
35	Jonagold	9, 10, 12, 18, 29, 34
36	Jonathan	4, 9, 19, 21
37	Kaiser Wilhelm	9, 21, 28, 46
38	Karmijn	4, 12, 18, 19, 54
39	Klarapfel	2, 9, 15, 21, 34, 54
40	Landsberger Renette	2, 9, 21, 34, 39, 59
41	Laxtons Superb	9, 12, 19, 34
42	Mantet	9, 12, 34
43	McIntosh	9, 19, 21, 28, 34, 39
44	Melrose	2, 9, 12, 18, 19, 34, 41
45	Mutsu	2, 9, 18, 21, 33, 34, 44
46	Ontario	9, 15, 18, 19, 21, 34, 39, 50
47	Prinz Albrecht	12, 18, 21
48	Red Delicious	9, 19, 21, 28, 43
49	Roter Boskoop	2, 4, 9, 18, 21, 28, 34, 54
50	Rote Sternrenette	8, 9, 18, 22
51	Schweizer Orangenapfel	4, 9, 10, 34
52	Signe Tillisch	2, 9, 10, 34
53	Stark Earliest	19, 21, 28, 56
54	Summerred	2, 4, 9, 34, 38, 44, 54
55	Tumanga	2, 11, 21, 34, 54
56	Winterglockenapfel	9, 19, 21, 28, 34
57	Winterrambur	4, 8, 18, 21, 34, 44
58	Zabergäu Renette	9, 12, 19, 21, 39, 41
59	Zuccalmaglio	9, 15, 21, 34

Tabelle 1.2: Befruchtungstabelle für Äpfel (nach BdB, Bund deutscher Baumschulen). Alle Sorten lassen sich auch als Spalierbäume ziehen. Dazu werden Jungpflanzen mit günstig angeordneten Zweigen besorgt.

Ursachen für nicht-fruchtende Obstgehölze

- **Ein Baum blüht zwar reichlich, setzt aber keine Früchte an.**
  - Er ist eventuell noch zu jung und kommt erst ins ertragsfähige Alter.
  - Es fehlt ein passender Pollenspender. Dann sollte in der Baumschule eine geeignete Sorte besorgt werden. Im Frühjahr gibt es blühende Containerpflanzen. Wenn die Sorte des Gartenbaumes nicht bekannt ist, können Bestäubungsversuche mit Blüten von Bäumen z.B. aus Lehrgärten oder von bekannten Gartenbesitzern helfen.
  - Der Baum gehört zu einer alternierenden Sorte. Solche Sorten fruchten nicht regelmäßig jedes Jahr, sondern setzen immer wieder aus (z.B. 'Gravensteiner', 'Ontario').
  - Es herrschte zur Blütezeit kaltes Regenwetter, so dass die Bienen nicht fliegen konnten. Dagegen ist leider nichts zu machen.
  - Die Blüten sind erfroren. Das kann z.B. bei frühblühenden Obstgehölzen (z.B. Aprikosen) vorkommen.
- **Ein Obstbaum hat früher immer reich geblüht und gut gefruchtet, setzt aber seit kurzer Zeit aus.**
  - Dann wurde vermutlich eine gute Befruchter-Sorte in der Nachbarschaft gefällt. In diesem Fall muss wieder ein neuer geeigneter Partner gepflanzt werden.
- **Ein Baum blüht nicht.**
  - Das kann auf einen starken Rückschnitt zurückzuführen sein. Er setzt seine Kraft dann zur Entwicklung neuer Triebe ein – auf Kosten der Blütenbildung.
  - Er ist noch zu jung. Das gilt vor allem für starkwüchsige Typen, die mehrere Jahre brauchen bis sie zum ersten Mal blühen.
- **Die Blüten wurden zwar bestäubt, die Früchte fallen aber vorzeitig ab.**
  - Der Baum hat Versorgungsprobleme. Er braucht Nährstoffe und unter Umständen auch Wasser.
  - Der Vorgang ist natürlich. Beim sogenannten Juni-Fruchtfall wirft er einen Teil der Früchte ab, damit sich die übrigen gut entwickeln können.
- **Die Früchte faulen am Baum.**
  - Einige Apfelsorten neigen dazu (z.B. 'Goldparmäne'). Hier sollten die angefaulten Früchte regelmäßig gepflückt und vernichtet werden.

Befruchtung / Sortenwahl

Tabelle 1.2 lässt erkennen, dass einige Sorten besonders gute Pollenspender für viele andere Sorten sind. Der 'Cox', oder genau gesagt die 'Cox Orange Renette' (Nr. 9), eignet sich beispielsweise als Befruchter-Sorte für 'Alkmene', 'Ananasrenette', 'Berlepsch' usw. Er bietet sich schon alleine deshalb für den Garten an. Zudem ist er ein feiner Tafelapfel. Zum 'Cox' passt z.B. der 'Berlepsch' (Nr. 4), der auch für viele andere Sorten als Befruchter dient. Beide Sorten reifen etwa Ende September und sind bis zum Spätwinter lagerfähig.
Natürlich ist die Sortenwahl auch Geschmackssache. Wenn die Bestäubung gesichert ist – ggf. durch passende Befruchter-Sorten in benachbarten Gärten – lassen sich beliebige Sorten pflanzen, soweit dies die Fläche erlaubt. Übrigens können auch Wildapfelbäume als Befruchter für die Kultur-Sorten im Garten dienen, wenn sie zur

gleichen Zeit aufblühen und passende Pollen produzieren, die von Bienen übertragen werden. Zuverlässiger sind aber Gruppenpflanzungen im eigenen Garten, weil die Bäume dann nahe beisammen stehen, was die Übertragung von Blütenstaub begünstigt.

Tipp

Neben Honigbienen tragen viele Wildbienen, Hummeln, Schwebfliegen und andere Insekten zur Bestäubung der Blüten bei. Es lohnt sich, für diese nützlichen Tierchen im Garten Nisthilfen zu schaffen. Das können Häuschen aus grobporigen Materialien sein oder nur Bündel aus Schilfrohr, aufgebohrte Holzklötze und dergleichen, die u.a. in den Spalierbäumen platziert werden.

1.19

Diese Weinspaliere sind in Nord-Süd-Richtung am Hang gepflanzt. Dadurch erhalten alle Trauben vom Morgen bis zum Abend gleichmäßig viel Licht. Der Weinberg liegt im Regensburger Ortsteil Winzer im Donautal. Es ist das kleinste deutsche Weinanbaugebiet. Der „Regensburger Landwein“ hat sich durchaus als guter Tischwein etabliert. Mittlerweile gibt es verschiedene Sorten (Infos: www.regensburgerlandwein.de).

2 Formen und Einsatzmöglichkeiten

Wieviel Obstanbau im Hausgarten möglich ist, hängt im Wesentlichen von der Größe des Grundstücks ab. Eine Streuobstwiese oder eine Obstanlage mit Hoch- oder Halbstämmen lässt sich nur auf sehr großen Grundstücken (über 1500 m^2) anlegen, die als Hausgrundstück in Deutschland wohl nur noch in ländlichen Gebieten und an Siedlungsrändern anzutreffen sind. Auch auf größeren Hausgrundstücken ist meist nur Platz für ein paar wenige große freiwachsende „Hausbäume“, für die dann bevorzugt Hochstamm- oder Halbstamm-Obstbäume gewählt werden sollten. Dagegen ist der Anbau von Spalierobst eine platzsparende Alternative, die eine gewisse Intensivierung des Obstanbaus ermöglicht und zusätzlichen Gestaltungsnutzen bringt.
Für den Hausgarten bieten sich im Wesentlichen folgende Möglichkeiten des Spalierobstanbaus an:

- Anbau am Spalier vor der Hauswand, vor Mauern oder Nebengebäuden, der gleichzeitig auch der Gestaltung bzw. Begrünung der Mauer dient;
- Überdachung eines Sitzplatzes oder der Terrasse mit einer begrünten Pergola;
- Freistehende Spaliere zur Schaffung oder Abtrennung von Gartenräumen bzw. zur optimalen Ausnutzung der Anbaufläche;
- Pflanzung von schmalen Hecken mit Obstgehölzen;
- Begrünung eines Zaunes oder einer Einfriedung mit fruchtenden Obstgehölzen.

In einem sehr großen Garten ist sogar eine kleine Obstanlage (z.B. aus Niedrigstämmen oder Spindelbüschen) realisierbar oder, insbesondere in Hanglage, ein kleiner Weinberg. Dazu bieten sich freistehende Spaliere an, die z.B. aus Holzgestellen oder aus an Pfählen gespannten Drähten bestehen. Die Reihen sollten vorzugsweise von Norden nach Süden ausgerichtet sein, damit die Bäume oder Reben von morgens bis abends möglichst viel Sonnenlicht abbekommen. Die Abstände zwischen den Reihen sollten so groß sein, dass die Kronen der Gehölze ausreichend Abstand zueinander haben und dass Pflege und Ernte gut möglich sind.
Für Rebanlagen (d.h. für den Anbau von Trauben) hat sich eine Breite der Wege von mindestens 1,2 - 2 m bewährt, als Pflanzenabstand in der Reihe genügt etwa 0,80 - 1,50 m.

1

2.1
Die freistehende verwilderte Sauerkirsche am Haus ist zu einem großen Baum herangewachsen, der einigen Platz in Anspruch nimmt.

2.2
Apfelspalier an Hauswand

2.3
Mit Wein überwachsene Pergola über dem Sitzplatz

2

3

2.4
Auf dieser historischen Pergola aus Schmiedeeisen rankt eine Amerikaner Rebe *(Vitis labrusca)*. Die starkwüchsige Kletterpflanze lässt sich durch den Schnitt auch kompakt halten.

2.5
Ein gemischtes Obstspalier kann eine blütenreiche und fruchtbare Grundstücksgrenze bilden. Die Spanndrähte dienen als Erziehungshilfe und Halterungen für die Pflanzen.

Diese Abstände sind auch für Säulenobst ausreichend. Bei Spindelbüschen sollten Pflanzenabstand und Reihenabstand aber mindestens 2 m betragen, jedenfalls dürfen die Kronen der Büsche nicht ineinander wachsen. Dank der geringen Abstände können auf begrenzter Fläche zahlreiche Pflanzen (auf 100 m^2 z.B. 20 - 25 Pflanzen) untergebracht werden, so dass eine beträchtliche Ernte und obendrein eine schöne Auswahl an Sorten möglich ist.
Durch gezielte Sortenwahl und Durchmischung lässt sich nicht nur die Erntezeit verlängern, sondern auch das Risiko von Totalausfällen etwa durch Pflanzenkrankheiten, Schädlinge, Frost und anderen Widrigkeiten vermindern.
Natürlich sollten die Sorten zum Klima in der Region passen und möglichst widerstandsfähig gegen Pflanzenkrankheiten sein (bei Trauben z.B. Mehltau). Wer anstelle von Tafeltrauben lieber Weintrauben zum Keltern anbauen möchte, sollte bewährte Sorten wählen. Dazu eignen sich insbesondere der 'Dornfelder' als blaue Sorte und der 'Müller-Thurgau' für Weißwein, auch in klimatisch weniger günstigen Regionen. Bewährt hat sich auch die Amerikaner-Rebe *(Vitis labrusca)*, die für alle anderen Rebsorten als Veredelungs-Unterlage dient. Sie wird wegen ihres Geschmacks auch Erdbeer-Rebe genannt. Diese sehr robuste Weinrebe ist reblaus-resistent und nicht anfällig für Mehltau. Vor der Pflanzung größerer Mengen Reben für den Weinbau empfiehlt es sich, das Keltern, d.h. das Weinmachen, zunächst auszuprobieren. Dazu genügen ein Glasballon (25 l) mit Stopfen und Gärrohr sowie eine passende Menge an Trauben und eine Reinzuchthefe. Tipps für die weitere Behandlung des Mosts nach der Gärung, das Abziehen, Klären etc. sind in einschlägigen Fachbüchern zu finden.

Gärtner-Tipp
Die Spalierbäume, z.B. von Apfel oder Birne, brauchen von Anfang an eine mehr oder weniger strenge Erziehung, d.h. einen konsequenten Schnitt, damit sie ein gut geordnetes Astwerk entwickeln.

Spaliere

Mit Obstspalieren wird nicht nur der Platz vor dem Haus, an einer Scheune oder Gartenmauer besonders gut genutzt, sie können auch in besonderer Weise dazu beitragen, große und langweilige Wände durch Begrünung aufzuwerten. Das gilt nicht nur für Wohnhäuser, die ohnehin durch Fenster und Türen architektonisch gestaltet sind, sondern besonders für Nebengebäude, Scheunen oder auch für lange hohe Gartenmauern und eintönige Fertiggaragen. Hier lässt sich das Schöne vorzüglich mit dem Nützlichen verbinden. Während die Spalierbäume die Wände dekorativ gestalten, geben diese ihrerseits den Obstbäumen einen Schutz, indem sie kalte Winde von Norden und Nordwesten abhalten und die Wärme der eingestrahlten Sonnenenergie speichern.

Spalierbäume eignen sich wie Weinreben zur Begrünung von Hauswänden, Gartenmauern oder als freistehende Spaliere. Hier tragen sie im Frühjahr mit ihren Blüten, im Sommer und Herbst mit Früchten und während der Vegetationszeit mit grünem Blattwerk zur Gartengestaltung bei. Formschöne Spalierbäume wirken auch im Winter noch dekorativ, wenn sich ein gut erzogenes Astgerüst an der Wand abzeichnet. Zur Gestaltung tragen auch die Stützgerüste bei, die als Fächer oder in anderen Formen an der Wand montiert werden. Es ist vorteilhaft, die Befestigungsform der Latten oder Spannseile auf die geplante Erziehungsform des Astwerks abzustimmen. Waagerechte Latten oder Seile bieten sich zum Festbinden der jungen Triebe an. Diese verholzen dann mit den Jahren und bleiben in der gewünschten Form selbst stabil. Ein symmetrisch gestaltetes Holzspalier prägt bereits nach der Befestigung am Haus den Charakter der Fassade, wenn vom jungen Obstbaum noch wenig zu sehen ist. Das Lattengerüst sollte deshalb gut zum Haus passen. Für die Planung empfiehlt es sich, die gewünschte Form und Größe des Spaliers mit anderen prägenden Details der Fassade auf Papier zu zeichnen. So ist gut zu erkennen, ob zum Beispiel ein Fächerspalier ansehnlich wirkt oder für die Fassade eher ungeeignet ist. Auch die Abstände der Latten können auf Papier bereits skizziert und festgelegt werden. Zeichnerisch lassen sich auch ungewöhnliche Konstruktionen vorab testen. Das können symmetrische Formen sein mit waagerechten, senkrechten oder auch schrägen Linien oder geometrische Figuren. Allerdings machen aufwändige Spaliere dann mehr Mühe bei der Befestigung an der Wand und sie sind meist auch weniger wetterbeständig, weil viel Holz natürlich mehr Angriffsflächen für Regenwasser bietet.

Konstruktionen für Obstbäume an Fassaden

Waagerechte Spannseile eignen sich für die Erziehung von Apfel-, Birnen- und weiteren Obstbäumen (Abb. 2.6). Schöner sind allerdings gut sichtbare Holzlatten, zumal sie die Wirkung der Äste verstärken (vgl. S. 32). Die Holzkonstruktion gibt die gewünschte Spalierform bereits vor, während die jungen Bäumchen nach der Pflan-

2.6
Im Regenschatten unter einem Dachvorsprung bleiben die Birnenblüten und die Blätter trocken. Die Zweige wurden hier an Spanndrähten gezogen.

2.7
Wie den Birnbäumen bekommt auch den Aprikosenbäumen ein sonniger Stand an der Südseite gut. Ein einfaches Holzlattengerüst genügt zum Festbinden der Zweige.

6

7

2.8
Mehr Mühe macht die Konstruktion von geometrischen Figuren. Dafür sollte hochwertiges wetterfestes Holz besorgt werden.

2.9
Dieses locker angeordnete Gerüst aus schmalen Leisten bietet ausreichend Halt für die Zweige des Apfelbaumes. Sie verholzen und werden selbst stabil.

zung erst anwachsen und mehrere Jahre brauchen, bis sich ihr Astwerk über die Wand ausbreitet. Die Holzlattung sollte zum Haus-Typ passen und nicht zu klobig wirken. Für ein rustikales Bauernhaus ist eine andere Konstruktion anzufertigen als für ein modernes Stadthaus. Sie muss auch für den Spalierbaum angemessen sein. Ein starkwüchsiger Birnbaum, der sich mit den Jahren über die Wand ausbreitet, braucht ein entsprechend ausladendes Holzgerüst. Für einen schwachwachsenden Apfel-Spindelbusch genügen wenige kurze Latten.

Wenn Weinreben oder Kiwis für die Fassadenbegrünung vorgesehen sind, müssen dafür passende Kletterhilfen geschaffen werden. Das können Spannseile aus Edelstahl sein, die in der gewünschten Wuchsform am Mauerwerk zu befestigen sind, oder auch vom Boden ausgehend senkrecht nach oben führende, bis unters Dach reichende Seile, für ein Fächerspalier auch in V-Form gespannte Seile. Als Kletterhilfe kann auch ein vorhandener Balkon dienen, wenn dieser z.B. ein Geländer aus Metallstäben hat. Daran wird die Weinrebe oder Kiwi nach oben geleitet und dann in der gewünschten Form am Geländer gezogen.

Anders als an einer hohen Hauswand werden die Spannseile an einer Gartenmauer natürlich nicht senkrecht, sondern waagerecht verspannt. Die Anzahl und Abstände der Seile richten sich wiederum nach der Pflanzenart. Wenn eine Weinrebe als Schnurstock gezogen werden soll, genügt ein vorzugsweise senkrechtes Seil. Für ein Fächerspalier werden mehrere waagerechte Seile oder Drähte in Abständen von etwa 20 bis 30 cm übereinander montiert. Anstelle der Spannseile können auch schmale Streifen aus Baustahlmatten für Weinspaliere nützlich sein (Seite 66). Diese eignen sich auch zur Erziehung von Bogreben, von Rebstöcken also, bei denen die Triebe, auf einen oder zwei zurückgeschnitten und im Bogen waagerecht an die tragende Struktur (Spannseil, Latten, Gitter) geheftet werden.

Neben der gewünschten Frucht-Art, sollte auch das Blattwerk bei einer sichtbaren Fassadenbegrünung beachtet werden. Während Weinreben großflächig fächerförmiges Laub ent-

2.10
Ein Spalier kann ein architektonisches Gestaltungselement sein und speziell für das Haus geplant und geschaffen werden. Diese Lattung prägt bereits ohne Bepflanzung den Charakter der Fassade.

wickeln und auffällige Trauben hervorbringen, bilden Kiwis große filzige Blätter und tragen eiförmige Früchte. Das Blattwerk prägt das Erscheinungsbild der Hauswand wesentlich. Natürlich können auch beide Arten kombiniert und nebeneinander an eine Wand gepflanzt werden. Zu bedenken ist, dass diese beiden Spalierobst-Arten sommergrün sind. Das heißt, sie tragen nur von April bis Oktober Blätter. Fast ein halbes Jahr sind sie kahl. Wenn eine ganzjährige Gebäudebegrünung erwünscht ist, kommen Obstgehölze nicht in Frage, sondern nur immergrüne Arten, wie der Efeu, das immergrüne Geißblatt oder der kriechende Spindelstrauch. Wer will, kann aber auch immergrüne Kletterpflanzen mit Spalierobst kombinieren. Die Pflanzen brauchen dann jedoch ausreichend Wandfläche und dürfen sich nicht gegenseitig behindern. Gleichermaßen ist auch die Kombination mehrerer Kletterpflanzen rund ums Haus möglich. Das kann an der Nordseite ein Efeu sein, an der Ostseite eine Clematis, an einer südseitigen Pergola am Haus eine Weinrebe und an einer Westwand eine Kiwipflanze.

Heimische Hölzer

Das Holz für die Spalierkonstruktion muss wetterbeständig sein. Zu bevorzugen sind heimische Hölzer aus Lärche, Douglasie oder anderen Arten. Diese Hölzer halten auch naturbelassen, d.h. ohne Anwendung von Holzschutzmitteln, viele Jahre, wenn sie mit Abstandshaltern an der Wand befestigt werden und nach Regen durch ausreichende Luftzirkulation eine schnelle Trocknung gewährleistet ist.

2.11
Eine lange Gartenmauer kann durch kleine Spaliere gegliedert und begrünt werden.

2.12
Selbst Industriebauten lassen sich durch Bepflanzung mit Spalieren freundlicher gestalten. Hier gibt es im Herbst eine reichhaltige Ernte von sonnengereiften Früchten.

2.13
Auch durch die farbige Gestaltung kann ein Spalier eine Wand aufwerten. Im Sommer wertet das grüne Weinlaub das Weiß-Blau der Fassade auf.

2.14
Es dauert einige Jahre, bis sich ein Birnenspalier über die Wand ausbreitet. Die Form wurde hier schon mit der Befestigung des Lattengerüstes festgelegt.

Tipp
Durch konstruktiven Holzschutz kann die Haltbarkeit der Bauhölzer auch ohne Streichen mit Holzschutzmitteln verbessert werden. Die Stirnseite der Latten sollte nicht offen nach oben weisen. An diesen Schnittstellen ist das Holz besonders anfällig für eine vorzeitige Verwitterung. Bei freistehenden senkrechten Pfosten kann das Stirnholz oben durch Anschrägen vor Staunässe geschützt werden. Bewährt hat sich auch das Abdecken mit verzinkten Blechen oder speziellen Hauben, die es für Zaunpfosten im Handel gibt. Konstruktiv günstig sind auch Spaliere im Regenschatten unter einem Dachvorsprung. Hier bleibt das Holz trocken.

Gut geeignet sind auch Leisten aus Thermoholz. Dieses hitzebehandelte Holz hat sich als sehr wetterfest erwiesen. Es ist zwar wegen seiner Sprödigkeit als Konstruktionsholz beim Terrassenbau ungeeignet, als Spalierlatten müssen sie jedoch keiner besonderen mechanischen Belastung standhalten. Der Haltbarkeit zugute kommt die geschützte Lage am Haus. Im Regenschatten unter einem Dachvorsprung werden die Spaliere selten richtig nass und insgesamt weniger stark durchfeuchtet. Wer ein Holzspalier farbig gestalten möchte, z.B. in Weiß oder Grün, sollte umweltfreundliche Farben wählen.

Bauordnung beachten

In der Regel genügt bei der Pflanzung von Spalierbäumen ein Grenzabstand von 50 cm – jedenfalls in den meisten Bundesländern. Für Baumpflanzungen ist dagegen ein Grenzabstand von mindestens 2 m vorgeschrieben. Spaliere sind normalerweise genehmigungsfrei. Für den Bau einer Mauer muss in jedem Fall ein genehmigter Plan vorliegen. Dennoch ist es ratsam, vor dem Anlegen eines Obstspaliers oder einer Obsthecke mit den betroffenen Nachbarn zu sprechen. Gewöhnlich haben diese keine Einwände, sondern können sogar Nutznießer sein, indem sie eine eigene Einfriedung ihres Gartens sparen und eventuell vom Obst profitieren. Vielleicht beteiligen sich die Nachbarn sogar an den Kosten und helfen beim Bau und bei der Pflanzung mit. Dann sollten die zu pflanzenden Obst-Arten und Sorten abgesprochen werden.
Auch wenn schon ein Zaun vorhanden ist, der sich für die Begrünung mit Spalierobst eignet, ist die Absprache mit betroffenen Nachbarn zu empfehlen. Andernfalls kann es zu Beschwerden kommen, weil zum Beispiel die langen Triebe von Weinreben, Brombeeren oder Kiwis ins Nachbargrundstück ragen. Das ist durch regelmäßiges Heften oder durch Rückschnitt einfach zu vermeiden. Natürlich darf nur der eigene Zaun begrünt werden, der eines Nachbarn nur mit dessen Erlaubnis.

2.15
Der Birnbaum hat das netzartige Lattengerüst fast überwuchert. Allerdings wird es nach dem Laubfall wieder sichtbar.

2.16
Für Kiwis sind Spannseile besser geeignet als Holzlatten. Sie winden sich in wenigen Jahren bis nach oben.

2.17
Ein geschützter Innenhof ist für die Kultur von Kiwis ideal. An diesen ungeschnittenen Pflanzen reifen viele Früchte.

Pergolen und Rankgerüste

Pergolen und Rankgerüste sind für die Begrünung mit Kletterpflanzen wie geschaffen. Die Pergola (italienisch/lateinisch *pergula* = Vorbau bzw. Anbau) ist – wie viele andere Elemente der Gartengestaltung – eine italienische „Erfindung" und bezeichnet einen raumbildenden Säulen- oder Pfeilergang, der traditionell im Übergangsbereich zwischen Haus und Terrasse als Sonnenschutz dient. Im sonnigen Süden hat so ein schattenspendendes Dach natürlich einen besonderen Wert. Es verbindet z.B. den Vorgarten zum Haus oder schützt den Sitzplatz im Freien. Wird eine Pergola als offenes Rankgerüst gebaut und mit Kletterpflanzen bepflanzt, können Kiwis, Weinreben oder auch Rosen luftig daran emporklettern und mit ihren Blättern im Laufe der Zeit ein mehr oder weniger dichtes Dach bilden. Solche Pergolen sind nicht nur in Italien willkommen, denn sie schattieren im Sommer mit Blättern und Blüten und stören im Winter kaum, weil die Sonnenstrahlen das unbelaubte Geäst der Kletterpflanzen fast ungehindert durchdringen können.

Eine Pergola kann rund ums Haus Platz finden. Sie kann frei stehen, einen abseits vom Haus liegenden Sitzplatz überdachen, eine Verbindung von der Haustür zum Garteneingang herstellen oder den Autostellplatz schattieren. Eine langgestreckte schmale Pergola passt sogar als Sichtschutz an die Grundstücksgrenze.

Auch in Form eines kleinen Torbogens ist sie als Rankgerüst für Kletterpflanzen willkommen. In jedem Fall bietet das dichte Geäst der Kletterpflanzen einen idealen Unterschlupf für Singvögel, die dort gerne brüten.

Zu beachten sind bei der Wahl der Kletterpflanzen deren Wuchseigenschaften. So gehören Kiwis (*Actinidia chinensis* und *A. arguta*) zu den Schlingern, die kräftige Triebe hervorbringen und ihre Kletterhilfen umschlingen. Sie können sich vorzüglich auf Pergolabalken festhalten und nach oben winden. Gut geeignet sind für diese starkwüchsigen Schlinger auch Spannseile, die mit Ringschrauben in ausreichendem Abstand in eine Wand gedübelt werden. Die zunächst dünnen Triebe können mit zunehmendem Alter armdicke Stämme bilden, so dass engmaschige Drahtgeflechte als Rankhilfe ungeeignet sind. Sie würden die Stämme einschnüren.

Anders als Schlinger halten sich die Weinreben als Ranker mit speziellen Organen an der Kletterhilfe fest. Weinreben entwickeln sogenann-

18

2.18
Auf dieser Pergola aus Natursteinsäulen, Metallpfetten und Holzsparren rankt eine Rebe. Deren Triebe müssen geheftet werden.

2.19
Eine große Pergola bietet Platz für eine Reihe von Kletterpflanzen. Hier wurden neben einer Weinrebe (rechts) eine Clematis (Mitte) und eine Kletterrose (links) gepflanzt.

2.20
Die prächtige Kiwi lädt der Pergola ein großes Gewicht auf. Die Pfosten und Holzsparren müssen entsprechend tragfähig dimensioniert sein.

19

20

Gärtner-Tipp
Weinreben sind selbstfruchtbar. Es genügt eine Pflanze, um Früchte zu bekommen. Bei Kiwis gibt es selbstfruchtbare und selbstunfruchtbare Sorten. Selbstunfruchtbar ist z.B. die Bayernkiwi 'Weiki'. Von dieser Sorte sind mindestens eine weibliche und eine männliche Pflanze nötig, damit Früchte reifen. Auch bei selbstfruchtbaren Sorten (z.B. 'Jenny') empfiehlt es sich, mehrere Pflanzen einzusetzen. Das verbessert die Erträge wesentlich.

te Sprossranken. Damit hangeln sie sich nach oben ans Licht. Einen guten Halt bieten Drähte oder Schnüre, die sie mit den dünnen Ranken umgreifen können. Mit den Jahren verholzen die Triebe und werden selbst stabil. Alte Weinstöcke können dicke Stämme bilden.

Konstruktionen

Eine Pergola lässt sich aus Holz, Stein oder aus Metall bauen; auch Kombinationen dieser Materialien sind möglich, wie z.B. Pfosten aus Stein und Sparren aus Holz. Die Konstruktion muss ausreichend stabil sein, um die gewünschte Bepflanzung auch nach Jahren im ausgewachsenen Zustand noch sicher zu tragen. Ein leichtes Drahtgeflecht ist für schwere Kletterpflanzen langfristig zu schwach. Umgekehrt kann eine Säulenlaube aus mächtigen Steinquadern für einen lockeren Bewuchs mit Schlingpflanzen zu wuchtig wirken. Die Baustoffe der Pergola sollten auch zu den anderen Materialien im Garten passen. Holz- und Steinbauten wirken massiv und solide, Metallkonstruktionen sehen dagegen leichter und eleganter aus. Die Baustoffe müssen tragfähig und zudem wetterfest sein. Immerhin bringen Pflanzen wie Weinreben und Kiwis mit ihrem üppigen Geäst ein zentnerschweres Gewicht auf die Konstruktion. Auch wirken rund ums Jahr die Sonne und diverse Niederschläge auf das Material ein (d.h. auch Schneelast bedenken!). Dies vertragen auf Dauer nur witterungsbeständige Baustoffe.

Bei Pergolen und Rankgittern für Weinreben oder Kiwis hat es sich bewährt, die Pfosten aus Granit zu bauen und nur die Sparren aus wetterfestem Holz zu konstruieren. Eine sehr haltbare Alternative ist eine Konstruktion ganz aus verzinktem Stahl (Abb. 2.22). Näheres ist in den Kapiteln 4 und 5 zum Thema Stütz-Konstruktionen und Kletterhilfen beschrieben.

Holzbauten

Unbehandeltes Weichholz (z.B. Fichtenholz) verrottet relativ schnell, insbesondere wenn das Regenwasser unter dem Blätterdach schlecht abtrocknet. Wer eine rustikale und natürliche Holzkonstruktion möchte, sollte mindestens Lärchen- oder Douglasienholz verwenden. Diese Hölzer sind auch ohne Imprägnierung recht haltbar und ausdauernd. Grundsätzlich ist es bei Holzkonstruktionen wichtig, dass die Holzpfosten oberhalb der Erdoberfläche enden. Bei Bodenberührung beginnt die Verrottung aufgrund der Feuchtigkeit besonders schnell, weil

2.21
Eine lauschige Laube lädt nicht nur zur Reifezeit der Trauben zum Verweilen ein. Hier wurden mehrere Reben als Schnurstöcke gezogen.

2.22
Eine Stahlkonstruktion wirkt leicht und ist dennoch tragfähig. Ein Stoffsegel kann so lange Sonnenschutz bieten, bis die Reben ein dichtes Schattendach bilden.

die Mikroorganismen das Holz angreifen und zersetzen.
Die Pfosten stehen am besten auf sogenannten Pfostenankern aus verzinktem Metall, die je nach Typ in den Boden einbetoniert oder gerammt werden. Für Betonfundamente eignen sich kleine Schachtringe oder Rohre mit einem Durchmesser von etwa 20 cm und einer Länge von 1 m, die in den Boden eingesenkt und mit Beton gefüllt werden. In den noch weichen Beton werden die Pfostenanker eingesetzt (vgl. S. 69). Nach dem Aushärten des Betons bieten diese Metallträger eine tragfähige Basis für den Holzaufbau. Die Holzbalken lassen sich einfach und sicher mit Winkelverbindern aus verzinktem Metall montieren. Die Metallverbindungsteile verschwinden mit der Zeit unter der Pflanzendecke. Unsichtbar, aber schwieriger herzustellen sind zimmermannsmäßige Zapfverbindungen. Ihre Herstellung erfordert handwerkliches Geschick und mehr Zeit als Winkelverbinder, da Zapfen und Aussparung genau passen müssen. Im Handel oder vom Schreiner sind auch vorgefertigte Holzbauteile erhältlich, die nach Plan zusammengefügt und befestigt werden.

Steinsäulen

Wesentlich haltbarer als Holzstützen sind Tragkonstruktionen aus Naturstein oder Betonformteilen. Säulen aus Granit, Marmor oder einem anderen Naturstein wirken nahezu zeitlos und verrotten nicht, sondern werden mit den Jahren schöner, wenn sie Moos ansetzen. Allerdings sind sie deutlich teurer als Elemente aus Holz, insbesondere handbehauene Steinsäulen, die einen längeren Transportweg hinter sich haben. Günstiger, aber meist weniger schön sind Betonformteile, die es für den Bau von Pergolen im Handel gibt. Aus den einfachen Quadern oder Säulen lässt sich aber eine durchaus ansehnliche Pergola errichten. Die Säulen müssen frostsicher gegründet, d.h. auf Punktfundamente gestellt werden. Wer Fertigprodukte nicht mag, kann die Säulen auch aus Steinen mauern und beispielsweise mit Holzbalken oder Metallträgern überspannen.

Metallkonstruktion

Am wenigsten wuchtig wirkt eine Metallkonstruktion. Stahlträger aus Winkelprofilen oder Rohren sind äußerst stabil und wirken wesentlich graziler und leichter als Steinsäulen oder Holzpfosten. Auch für solche Metallkonstruktionen gibt es fertige Elemente, die sich in Modulen erweitern lassen. Alternativ kann beim Schlosser eine dem Standort angepasste, maßgefertigte Konstruktion in Auftrag gegeben werden. Eine solche Pergola aus Stahl sollte auf jeden Fall durch Verzinkung oder durch einen Schutzanstrich gegen Rost geschützt werden.

Baugenehmigung

Für eine Pergola ist in der Regel keine Baugenehmigung nötig, weil sie kein festes Dach hat und keine Brandgefahr darstellt. Der nötige Abstand zur Grenze ist aber einzuhalten, die Pflanzen dürfen weder Nachbars Garten verschatten, noch seine Gebäude beeinträchtigen, zumal starkwüchsige Kletterpflanzen leicht von der Pergola auf angrenzende Häuser übergreifen. Sie dürfen auch keine Sichtbehinderung an der Ausfahrt zur Straße darstellen. Bei nicht eindeutigen Situationen gibt das zuständige Bauamt Auskunft, so etwa, wenn die Pergola überdacht und als Carport genutzt werden soll. Dann ist ohnehin ein genehmigter Bauplan nötig.

Pflanzen

Das Wesentliche an einer Pergola ist natürlich ihre Begrünung. Erst die Pflanzen geben dem rechtecki-

2.23
Ein Laubengang kann einladend wirken, wenn er z.B. vom Gartentor zum Haus führt. Reben brauchen Kletterhilfen, bis sie das Dach der Pergola erreicht haben.

2.24
Diese kunstvolle Schmiedeeisen-Pergola ist fast zu schade zum Zuwuchern. Die Amerikaner Rebe und der Wilde Wein vertragen aber einen Schnitt, falls nötig.

2.25
Solche Tellerspaliere lassen sich auch aus Obstbäumen ziehen – statt wie hier aus Platanen. Wird die Pergola als Laube genutzt, gehört eine – am Besten wetterfeste – Sitzgruppe oder eine Sitzbank hinein. Auf einem Holzdeck stehen die Möbel fest und sauber.

gen Baukörper seine typische Leichtigkeit. Filigrane Kletterpflanzen nehmen selbst mächtigen Steinbauten ihre Wucht. Sehr gut eignen sich Weinreben zur Begrünung, die an Drähten oder Schnüren nach oben geleitet werden müssen. Die selbstschlingenden Kiwis schaffen es allein an den Pfosten auf das Dach der Pergola. An den Seiten der Pergola können auch andere Obst-Arten mit Hilfe eines Spaliers angepflanzt werden. So sind z.B. Pfirsiche und Aprikosen für Pflanzungen auf der Südseite gut geeignet und auch Birnbäumen bekommt ein vollsonniger Standort gut. Apfelspaliere gedeihen besser an einer Ost- oder Westseite. Auf einer Nordseite sollten eher Brombeeren vorgesehen werden, die auch im Schatten einer Laube noch zufriedenstellend fruchten. Die Nutzpflanzen können ggf. mit Schmuckpflanzen kombiniert werden, insbesondere mit Kletterrosen, die einen luftigen, sonnigen Stand brauchen, oder mit Clematis und Geißblatt, die auch an schattigen Plätzen gut zurechtkommen.

Pflege

Eine besondere Pflege braucht eine gut gebaute Pergola nicht. Nur den fruchtenden und blühenden Pflanzen tut ein regelmäßiger maßvoller Auslichtungsschnitt im Spätwinter gut, zumal er die Verjüngung fördert. Bei frostempfindlichen Pflanzen, wie etwa bei Kiwis, Weinreben, Pfirsichen oder Kletterrosen, ist unmittelbar nach der Pflanzung ein Frostschutz empfehlenswert. Mit den Jahren nimmt ihre Frosthärte zu, so dass sie keinen Schutz mehr brauchen.

Freistehende Spaliere

Tipp

Singvögel suchen bepflanzte Pergolen gerne zum Brüten auf. Das dichte Blätterdach schützt vor Regen und Sonne. Im Dickicht der Zweige sind sie auch vor Katzen sicher. Meisen, Rotkehlchen und andere Höhlenbrüter lassen sich mit Nistkästen ansiedeln.

Eine Pergola muss nicht zwangsläufig einen Sitzplatz überdachen, sondern kann auch die Form einer Säulen- oder Pfostenreihe haben, um als Raumteiler im Garten zu dienen oder einen Sichtschutz an der Grenze zu schaffen. Die Länge der Pfostenreihe ist relativ beliebig, die Abstände zwischen den Pfosten richten sich danach, ob vorgefertigte Rankgitter oder Sichtschutzelemente aus dem Baumarkt eingesetzt oder Elemente nach eigenen Vorgaben gefertigt werden. Zur Bepflanzung bieten sich hier Ranker wie z.B. Kiwis oder Spalierobst-Arten an, denkbar ist auch eine Kombination aus Obst- und Ziergehölzen. Bei der Sortenwahl sollten die Wachstumsbedingungen am Standort (Besonnung, Windeinflüsse, Bodenqualität u.ä.) berücksichtigt werden.

Zäune als Spaliere

Mit Spalierobst lässt sich ein hässlicher Maschendrahtzaun vorteilhaft kaschieren. Dazu eignen sich vor allem Weinreben, bei denen ein oder zwei

26

27

2.26
Sichtschutzelemente vom Baumarkt gibt es in vielen Ausführungen. Sie sind gut als Spaliere zu gebrauchen.

2.27
In diesem Lehrgarten in Waldsassen können neben vielen anderen Gestaltungselementen auch Obstspaliere begutachtet werden.

Ruten im Bogen waagerecht gezogen werden. Sie brauchen in diesem Fall einen regelmäßigen jährlichen Rückschnitt. Keinesfalls dürfen die Reben verwildern, weil sie sonst armdicke Äste entwickeln, die vom Maschendraht eingeschnürt werden. Das gilt gleichermaßen für Kiwis. Ideale Spaliere für kletternde Obstgehölze sind stabile schmiedeeiserne Zäune. Darauf dürfen Weinreben oder Kiwis sogar verwildern, da sie tragfähige Streben haben und die großen Zwischenräume selbst dicke Äste nicht abschnüren. Zäune aus Edelstahl oder verzinktem Stahl brauchen keine Pflege, d.h. die Obstgehölze müssen auch langfristig nicht zurückgeschnitten werden, weil ein Pfleganstrich des Zauns nicht nötig ist. Aber auch rostende Eisenzäune sind gut geeignet, weil die Rostschicht selbst einen Schutz bietet. Weniger gut eignen sich dagegen kunststoffummantelte Metallzäune. Bei ihnen wird die dünne Kunststoffschicht mit der Zeit brüchig und blättert ab. Dann rosten die dünnen Metalldrähte langsam durch und brechen. Ähnliches gilt für käufliche Spaliere für die Wandbefestigung. Diese leichten Metallgitter eignen sich allenfalls für einjährige Kletterpflanzen, wie Zuckermelonen oder Kürbisse. Besser sind verzinkte Baustahlmatten (vgl. Kapitel 5.1). Gewöhnliche Holzzäune aus senkrechten Latten sind nur als Kletterhilfen für Reben mit jährlichem Rückschnitt zu empfehlen. Sie sollten nicht dauerhaft von starken Zweigen und Stämmen der Weinrebe oder der Kiwi

2.28
Schöne Anlagen gibt es auch oftmals in öffentlich zugänglichen Kleingartenkolonien zu sehen. Dieser Spalier-Apfelbaum wurde mit einer Ligusterhecke kombiniert.

Tipp

Anstelle von Punktfundamenten aus Beton können für Pergolen auch Schraubfundamente gesetzt werden. Die verzinkten Bodenhülsen aus Metall gibt es in vielen Größen, kleinere für Wäschespinnen, größere z.B. für Fahnenmasten oder leichte Punktfundamente etc. Sie eignen sich vorzüglich als Fundamente für Pergola-Pfosten und geben nach dem Einschrauben in den Boden sicheren Halt.
Weniger stabil sind Einschlag-Bodenhülsen, die mit einem Vorschlaghammer in den Boden gerammt werden und nicht sehr tief gründen. Besonders bei steinigem Boden lassen sie sich beim Einschlagen nicht allzu präzise justieren. Für leichte Zaunpfähle können die Einschlag-Bodenhülsen jedoch ausreichen.

28

2.29
Eine „Zaunrebe" verbindet Nötiges mit Nützlichem. Der Zaun bietet Schutz, während die Weinrebe grünt, blüht und fruchtet.

2.30
Dieser Weinstock wurde vom Boden zum Balkon geleitet und findet nun oben Halt an Spannseilen.

überwuchert werden, weil sie in bewachsenem Zustand schneller morsch werden. Holzzäune können jedoch als Stützen für Spalierbäume nützlich sein, wenn diese in ausreichendem Abstand davor gepflanzt werden. Sie bieten den Zweigen der Spalierbäume Halt, die mit Bast oder Kokosstricken an die Zaunlatten gebunden werden. Sobald diese dann in der gewünschten Stellung verholzt sind, können die Bindungen wieder gelöst werden. Auf diese Weise ist es möglich, niedrige Gartenzäune auf ganzer Länge oder punktuell mittels Spalierobst höher zu gestalten und auf diese Weise mehr Sichtschutz zu erhalten (Abb. 2.31).

2.31
Sichtschutzelemente können stellenweise am Zaun wünschenswert sein, um Sitzplätze abzuschirmen. Durch die Begrünung mit Wein wirken sie weniger abweisend.

Balkongeländer begrünen

Ähnlich wie bei einer Pergola, bei der eine Weinrebe oder Kiwi zunächst an einem Pfosten schnurstracks nach oben geleitet und dann erst zur Verzweigung angeregt wird, kann die Begrünung eines Balkongeländers erfolgen. Sowohl Weinreben als auch Kiwis schaffen mit den Jahren leicht mehrere Haus-Etagen, wenn sie senkrecht als Schnurstöcke z.B. mit Spanndrähten nach oben geleitet werden. Sobald die Rebe oder die Kiwi das obere Stockwerk und den zu begrünenden Balkon erreicht hat, kann die Verzweigung am Geländer erfolgen. Die im Boden verwurzelte Pflanze wächst natürlich wesentlich stärker als eine Kübelpflanze auf dem Balkon. Außerdem versorgt sie sich selbst und braucht keine Wassergaben und keine Düngung. Begrünte Balkongeländer sehen dekorativ aus und bieten Sichtschutz, außerdem reifen viele essbare Früchte. Der Aufwand ist gering, weil das Spalier in Form des Geländers schon vorhanden ist. Für das Spannseil aus Edelstahl sind nur einige Ringschrauben nötig und einige Bohrungen für die Dübel im Mauerwerk.

Obsthecken - fruchtbare Einfriedungen

Spindelbüsche und Säulenobst-Bäumchen von Apfel, Birne und Quitte fruchten früh und reichlich. Da sie kompakte Kronen bilden, passen sie in kleine Gärten, wo sie auch zu einer Hecke gepflanzt werden können.
Die langen Baumreihen in den Obstplantagen können ein Vorbild für den Hausgarten sein. Anders als in Obstplantage genügt normalerweise eine einzige Reihe, in die neben ausgewählten Apfelsorten auch Birnenbüsche und Quitten gepflanzt werden können. Natürlich müssen alle Bäumchen auf schwachwachsenden Veredelungen stehen, damit sie sich gleichmäßig entwickeln und nicht aus der Reihe wachsen. Bei gewöhnlichen Spindelbüschen ist ein Pflanzabstand von etwa 2 m ausreichend. Er ermöglicht eine dichte Hecke und bietet jedem Exemplar dennoch genügend Raum zur Entfaltung.
Das erste Obst im Jahr gibt es bereits im Juli von den Beerensträuchern, die auch zu den Spaliergehölzen gezählt werden. Wer mit verschiedenen Johannisbeer-Sorten abwechselt, kann den ganzen Sommer hindurch frische Früchte ernten. Die Beerensträucher lassen sich gut zur Abgrenzung des Gemüsegartens einsetzen und beispielsweise mit Hilfe von Bambusstäben und Spanndrähten als senkrechte Spaliere ziehen. Die Ranken von Himbeeren und Brombeeren werden dagegen waagerecht an Spanndrähte oder Stangen geheftet.
Brombeeren eignen sich ebenfalls gut als Zaunbegrünung. Zu beachten ist, dass diese Halbsträucher kein ausdauerndes Zweiggerüst entwickeln, sondern dass die Triebe nach dem Fruchten absterben. Es müssen nach dem Abschneiden immer wieder junge Triebe nachgeheftet werden, die dann im Folgejahr blühen und fruchten. Auch bei Himbeeren und Brombeeren lohnt es sich, mehrere Sorten zu pflanzen, die zu unterschiedlichen Zeiten reifen. Dann gibt es vom Sommer bis zum ersten Frost immer frische Früchte.

Erziehungsformen

Statt der einfachen Erziehungsform mit senkrechtem Mittelleittrieb und waagerechten Seitentrieben sind auch andere Spalierformen möglich, so etwa das Bouché-Thomas-System (S. 56, Abb. 4.7). Hier werden die Bäumchen schräg gepflanzt, so dass sie überkreuzt wachsen. Günstig ist auf jeden Fall ein Drahtgerüst, das den schwachwachsenden Bäumen auf Lebenszeit Halt gibt. Ohne Gerüst ist die

32

2.32
Ballerina-Bäumchen bilden keine starken Seitenzweige, das Blüh- und Fruchtholz sitzt direkt am Stämmchen. Mit diesen Bäumchen lassen sich schmale Obsthecken ziehen.

2.33
In den Obstplantagen werden sogenannte schlanke Spindeln in Reihe gepflanzt. Die kleinen Bäumchen sind gut verzweigt.

2.34
Schlanke Spindeln oder Spindelbüsche fruchten früh und reichlich. Sie brauchen lebenslang stabile Stützen.

33

34

2.35
Eine Bayernkiwi braucht keinen Schnitt, wenn sie ihr kräftiges Astwerk ungehindert – z.B. an einem freistehenden Spalier – entwickeln kann.

2.36
Nach der Erziehung eines streng geordneten Astwerkes und der Entwicklung von kurzem Fruchtholz, brauchen Obstspaliere nur noch einen maßvollen Pflegeschnitt.

2.37
Die Spalierbäume blühen im Frühjahr üppig und bringen dann, je nach Sorte, viele Früchte hervor.

Erziehung nur an windgeschützten Plätzen möglich, vor allem, weil die Bäumchen nur ein schwaches Wurzelwerk entwickeln.

Pflege

Eine gründliche Bodenvorbereitung fördert das Anwachsen. Insbesondere sind Bodenverdichtungen zu durchbrechen. Die Verbesserung der Aushuberde mit Kompost trägt zur Lockerung und Nährstoffversorgung bei. Gehölze mit losen Wurzeln brauchen einen Pflanzschnitt. Insbesondere sind zu lange und beschädigte Wurzeln einzukürzen. Die Triebe werden etwa um die Hälfte zurückgeschnitten. Das erleichtert den jungen Bäumchen das Anwachsen. Die Pflanzung von Obstbäumchen mit losen Wurzeln ist etwa ab Ende September möglich. Dagegen lassen sich Bäumchen mit Topfballen jederzeit - außer bei Bodenfrost - in den Garten umsetzen. Diese sogenannten Containerpflanzen müssen nicht zurückgeschnitten werden. Allerdings können sie schon bei der Pflanzung einen richtungsweisenden Schnitt erhalten. So lassen sich gleich aus der Reihe wachsende oder zu eng stehende Triebe entfernen. Obsthecken brauchen neben der ausreichenden Wasser- und Nährstoffversorgung einen regelmäßigen Erziehungs- und später den nötigen Pflegeschnitt. Es genügt aber, einige störende Zweige zu entfernen oder in bestimmte Richtungen zu lenken. Zudem ist es günstig, für eine ausreichende Verjüngung zu sorgen, damit sie nicht vergreisen. In den Obstplantagen werden dazu jedem Baum einige alte Zweige genommen oder kräftig eingekürzt. Das regt zum Austrieb neuer Zweige an. Starke Äste bilden solche Spindelbuschbäumchen ohnehin nicht. Wenn statt dieser schwach wachsenden Typen noch kompaktere „Ballerinas“ (d.h. Säulenpflanzen bzw. Formobst, siehe Abb. 2.32) gepflanzt werden, ist fast kein Schnitt nötig. Diese Züchtungen entwickeln nur einen senkrechten Mitteltrieb und seitliches Fruchtholz. Zweige bilden sie nicht. Allerdings sind für Hecken aus diesen Bäumchen etwa 3 - 4 Exemplare pro Meter nötig. Eine gemischte Sortenwahl fördert die Befruchtung. Hecken aus Tafelobst eignen sich vorzüglich als Abgrenzung zu Nachbargärten, zumal die kleinen Obstreihen auch zur Befruchtung großer Obstbäume der Art beitragen. Die kleinen Fruchtgehölzreihen bieten sich aber auch im Garten z.B. als Windschutz an der Nordseite des Gemüsegartens oder als Sichtschutz im Wohngarten an.

Wildobsthecken

Wer ausreichend Platz hat und es gern üppiger mag, kann auch zu Kornelkirschen, Haselbüschen, Hagebuttenrosen, Schlehen, Felsenbirnen, Holunder und anderen Wildobstbüschen greifen. Damit lassen sich dichte Grundstückseinfriedungen schaffen, die reinen Blütenhecken in der Fülle nicht nachstehen. Mit Spalierobst haben solche Hecken aber nichts mehr gemeinsam.

Wenn in solche gemischte Wildobsthecken auch Tafelobst-Bäumchen (Apfel, Birne und Quitten) sowie Beerensträucher aufgenommen werden, lassen sich durchaus reiche Obsterträge erzielen. Wildobsthecken entwickeln sich besonders prächtig bei einer Pflanzung im Verband. Dabei werden mehrere Reihen nebeneinander gesetzt, wobei jeweils die Pflanzen der zweiten Reihe auf Lücke zur ersten Reihe stehen. Bei mehrreihigen Verbänden ist eine gestaffelte Höhenabstufung für die Entwicklung günstig. Und zwar sollten größere Exemplare wie Ebereschen (auch Züchtungen mit essbaren Früchten wie z.B. die Mährische Eberesche), Kornelkirschen und Haseln in die Mitte aufgenommen werden. Die kleineren Arten wie Johannisbeerbüsche, Zierquitten, Apfelbeeren (*Aronia*) und dergleichen kommen an die Ränder. Für Wildobsthecken ist natürlich wesentlich mehr Raum erforderlich als für Tafelobsthecken. Sie können zur Einfriedung von Streuobstwiesen dienen oder zur Abschirmung windiger Nordseiten. Sie brauchen keine besondere Pflege. Zur Verjüngung ist ein gelegentlicher Auslichtungsschnitt förderlich.

Beerenobsthecken

Beerensträucher eignen sich gut zur Pflanzung einer Obsthecke, z.B. zur Einfriedung des Gemüsegartens. Ein kurzer Streifen von etwa 10 m nimmt leicht 5 Stachelbeer-Sorten, fünf verschiedene Johannisbeer-Sorten sowie einige Jostabeerbüsche (eine Kreuzung zwischen Schwarzer Johannisbeere und Stachelbeere) auf. Zur Unterpflanzung beziehungsweise als Bodendecker bieten sich z.B. Monatserdbeeren an, die anders als die großfrüchtigen Züchtungen sehr ausdauernd tragen.

2.38: Durch die Pflanzung von Ballerina-Bäumchen lassen sich auf wenigen Metern viele verschiedene Apfelsorten unterbringen.

Gärtner-Tipp: Schwachwachsende Veredelungen

Für kleine Obsthecken eignen sich nur Gehölze, die auf schwachwachsende Wurzelunterlagen veredelt sind. Beim Apfel dienen dazu Typen-Unterlagen (insbesondere der Typ M 9); kleinbleibende Birnenbäume werden auf Quitten veredelt. Die Veredelungs-Unterlagen sind bei Baumschulpflanzen am Etikett erkennbar.

2.39
Brombeeren zeichnen sich durch besondere Starkwüchsigkeit und Triebkraft aus. Diese sogenannten Spreizklimmer halten sich mit stacheligen Trieben an der Kletterhilfe fest.

Topfobst für Balkon und Terrasse

2.40
Topfobst, im Container oder Folienbeutel, ist im Sommer in Gartenmärkten erhältlich. Vor dem Kauf können dann eventuell sogar Früchte probiert werden.

2.41
Als schöne und nützliche Kübelpflanze hat sich die Weinrebe bewährt. Hier wurde eine Amerikaner Rebe strauchfömig gezogen.

Früher waren Obstbäume und Beerensträucher nur mit losen Wurzeln (wurzelnackt) zu bekommen. Die Pflanzzeiten waren entsprechend auf wenige Monate im Herbst und im Frühjahr beschränkt. Heute gibt es Obstgehölze rund ums Jahr in Kübeln und Töpfen zu kaufen. Diese Containerpflanzen lassen sich weiterhin in Kübeln kultivieren, sie können aber auch jederzeit im Garten eingepflanzt werden.

Bei Säulenobst wie den Ballerina-Apfelbäumchen sitzen die Früchte direkt am Stamm. Solche Obstgehölze lassen sich auf Grund ihrer geringen Wuchsleistung vorzüglich in Pflanzgefäßen ziehen und können mit dem eingeschränkten Wurzelraum auch mehrere Jahre gedeihen. Sobald sie Mangelerscheinungen zeigen, bekommen sie ein größeres Gefäß mit frischer Erde oder einen Standort im Garten, an dem sie ungehindert weiterwachsen können.

Gut geeignet als Kübelpflanzen sind neben den kleinbleibenden Apfelbäumchen, die es in verschiedenen Sorten in Baumschulen oder im Versandhandel zu kaufen gibt, auch andere Kernobstbäumchen wie Birnen, Quitten und Mispeln, sowie ausgewählte Steinobst-Züchtungen. Dazu gehören neuerdings auch Süßkirschenbäumchen, die auf schwachwachsenden Wurzel-Unterlagen veredelt sind. Solche Kirschbäumchen werden neben anderen Obst-Züchtungen als kleinbleibend und großfrüchtig in den Katalogen verschiedener Versender angeboten. Sicherer ist stets der Kauf in regionalen Baumschulen oder Gartenmärkten, wo sich die Pflanzen vor Ort begutachten und gezielt auswählen lassen.

Pfirsichbäumchen sind eine weitere Steinobst-Art, die sich als Kübelpflanze eignet. Diese empfindlichen Gehölze haben leider oft mit Pilzkrankheiten zu kämpfen, von denen auch Kübelpflanzen nicht verschont bleiben. Pfirsichbäumchen brauchen einen geschützten Standort und ein frostgeschütztes, aber kühles Winterquartier.

Als robuster und pflegeleichter haben sich Johannisbeerbäumchen erwiesen, ebenso andere Fruchtsträucher, die als Büsche oder als kleine Kronenbäumchen erziehbar sind. Die schwachwachsenden Gehölze kommen mit den Standortbedingungen in Pflanzgefäßen von Natur aus besser zurecht

Art	Bemerkung
Apfel	Veredelungen auf schwachwachsenden Unterlagen, insbesondere spezielle Züchtungen (Ballerinas) wählen
Birnen	Veredelungen auf Quitten, die schwache Bäume bilden
Süßkirsche	Zum Einsatz kommen nur neue Züchtungen auf kleinbleibenden Veredelungsunterlagen
Quitten	Großfrüchtige Veredelungen wählen; im Handel sind etliche Apfel- und Birnen-Quitten erhältlich
Mispeln	Diese seltenen Kernobstbäumchen gedeihen gut in Pflanzgefäßen; sie sind pflegeleicht und krankheitsresistent
Weinreben	Ihrer Schnittverträglichkeit wegen lassen sich diese von Natur aus starkwüchsigen Fruchtgehölze recht gut in Kübeln kultivieren
Beerensträucher	Johannisbeer- und Stachelbeerbüsche wachsen, blühen und fruchten in Pflanzgefäßen zufriedenstellend

Tabelle 2.1 Bewährte winterharte Obst-Gehölze für die Kultur in Kübeln.

als starkwachsende Obstbäume. Recht erfolgreich können Weinreben auf dem Balkon oder der Terrasse angepflanzt werden. Diese fruchtenden Kletterpflanzen sind durch ihre enorme Schnittverträglichkeit beliebig formbar. Weinreben lassen sich sowohl strauchförmig erziehen, können aber ebenso gut als Rebstöcke mit jährlichem Rückschnitt gehalten werden. Reichliche Erträge sind jedoch nur zu erzielen, wenn die Pflanzen in ausreichend großen Pflanzgefäßen mit nährstoffreicher, beständig lockerer Erde gehalten werden. Das gilt nicht nur für Reben, sondern gleichermaßen für alle anderen Arten von Obst.

Klein anfangen

Vor der Anschaffung eines umfangreichen Sortiments ist es ratsam, zunächst Versuche mit einigen ausgewählten Exemplaren durchzuführen. Immerhin sind die Obstgehölze als Kübelpflanzen – anders als die Pflanzen im Garten – ständig auf Pflege angewiesen. Insbesondere brauchen sie im Sommerhalbjahr ausreichend Wasser und Dünger. Hinzu kommt der Aufwand für die Erziehung und Instandhaltung, sowie der Pflanzenschutz – falls nötig. Im Winterhalbjahr lässt sich die Versorgung wesentlich einschränken. In der Wachstumsruhe brauchen die Topfobstpflanzen nur noch wenig Wasser, gerade so viel, dass die Wurzelballen nicht austrocknen. Wichtig ist vor allem ein Schutz vor Frost. Obwohl Apfel-, Birnen-, Kirschbäumchen und andere Freilandpflanzen geringen Frost durchaus vertragen, können strenge Kälteperioden Schäden verursachen. Bei Bedarf erhalten sie einen luftigen Schutz. Insbesondere sind die Wurzelballen vor dem Durchfrieren zu bewahren. Gesund durch den Winter kommen die Topfobstbäumchen in einem unbeheizten Kleingewächshaus, wenn sie in den Boden eingesenkt werden. Jedenfalls müssen sie kühl und hell überwintert werden. Einen Aufenthalt im beheizten Haus verkraften sie nicht. Allenfalls ist die Überwinterung in einem unbeheizten Raum möglich, z.B. in einer Garage oder einem kühlen Lagerraum. Spätestens zur Zeit des Austriebs müssen sie wieder ins Freie. Sonst bringen sie mangels Licht lange dünne Triebe hervor. Südländische Obstpflanzen brauchen ein frostfreies Quartier, das zudem möglichst hell sein muss, wenn es sich um Zitruspflanzen, Wollmispeln, Olivenbäumchen und andere Immergrüne handelt. Sie kommen erst im Frühjahr wieder ins Freie, sobald keine Fröste mehr zu erwarten sind.

Nicht zu viel erwarten

Obwohl die kleinen Nutzpflanzen durchaus essbare Früchte tragen, halten sich die Erträge in Grenzen. Je nach Bestand und Sortiment reifen schon im Frühsommer die ersten Früchte an den Beerensträuchern, und ebenso bei den Erdbeeren, die als Unterpflanzung oder in Töpfen sehr gut gedeihen. Danach schließen sich die Sommeräpfel und –Birnen sowie später Feigen und Zitronen an. Diese Südfrüchte sollten möglichst lange an den Sträuchern bleiben. Im Spätsommer gibt es dann noch Weintrauben, Quitten und Mispeln vom Balkon. Ernte und die Qualität der Früchte richten sich natürlich nach dem Wetter. Vor allem sind die Früchte auf Wärme und Sonne angewiesen. Südländische Topfobstpflanzen sollten vorzugsweise geschützte Plätze auf der sonnigen Südseite erhalten, Apfel, Quitte und Mispeln kommen auch mit Ost- oder Westseiten noch gut zurecht.

2.42
Weinstock im Weinfass - der große Wurzelraum begünstigt das Wachstum. Eine Rankhilfe gibt der Rebe Halt.

2.43
Topfobst dient eher zur Dekoration von Balkon und Terrasse. Die Früchte sollen als Schmuck lange erhalten bleiben.

0

3 Obst-Arten und -Sorten

Vermehrung und Veredlung

Alle Obst-Sorten werden ungeschlechtlich (vegetativ) vermehrt. Eine geschlechtliche Vermehrung, also durch Samen, ist zwar möglich, bringt aber keine reinen Sorten, sondern nur Sämlinge hervor. Wer also aus Apfelkernen der Sorte 'Boskoop" junge Boskoop-Bäumchen gewinnen möchte, wird bei der ersten Ernte nach vielen Jahren eine Enttäuschung erleben. Denn alle Nachkommen werden andere Eigenschaften haben als die Mutterpflanze bzw. als der Apfel, von dem die Kerne stammen. Daher werden alle Apfel-, Birnen-, Kirschbäume usw. durch Veredelung vermehrt. Nur beim Pfirsich können auch aus Samen Jungpflanzen entstehen, die gute Früchte tragen. Meistens sind diese aber kleinfrüchtig und nicht mit der Mutterpflanze zu vergleichen.
Beim Veredeln schneiden die Gärtner Triebe von Mutterpflanzen einer erhaltenswerten Sorte und setzen diese auf sogenannte Wurzel-Unterlagen. In der Regel erfolgt dies im Frühjahr durch das Pfropfen oder im Sommer durch die Okulation. Im Frühjahr dienen dazu kurze Triebstücke von der ausgewählten Apfel-Sorte. Im Sommer genügt jeweils ein Auge (Knospe mit Rindenanteil). Die Veredelungs-Unterlagen stehen in langen Reihen in der Baumschule. Beim Apfel gibt es verschiedene Typen-Unterlagen – je nach gewünschter Wuchsstärke des veredelten Apfelbaumes. Für große Kronenbäume dienen starkwüchsige Sämlinge als Veredelungs-Unterlagen. Diese sind aber als Spalierbäume kaum geeignet, es sei denn für großflächige Hauswände. Vielmehr haben sich schwachwachsende Typen-Unterlagen, insbesondere der Typ M 9, bewährt. Noch schwächer wächst M 27. Durch einen mittelstarken Wuchs zeichnet sich die Unterlage M 4 aus. Das M steht für Malus, so der botanische Name für Apfel (*Malus domestica*, der gezüchtete Apfel oder *Malus sylvestris*, der Wildapfel).

Das Veredeln ist durchaus erlernbar, erfordert aber einige Übung, sowohl das Veredeln durch Pfropfen im Frühjahr (durch „Kopulation" oder „Rindenpfropfen"), als auch durch Okulation im Sommer.
Nur Beerensträucher, insbesondere Johannisbeeren, lassen sich recht einfach durch Triebabschnitte vermehren. Das können im Sommer kräftige, elastische Triebe sein oder im Winter sogenannte Steckhölzer. Dabei sollten gesunde Mutterpflanzen von guten Sorten zur Schnittgut-Gewinnung dienen (z.B. vorhandene Sträucher im eigenen Garten oder bei Nachbarn).
Auch Weinreben sind durch junge holzige Triebe vermehrbar. Das ist in Weinbauregionen jedoch nicht zulässig. Dort müssen Pfropfreben gepflanzt werden, es sei denn, die Steckhölzer stammen von Amerikaner-Reben (*Vitis labrusca*). Diese sind reblausresistent und dienen als Veredelungs-Unterlagen für alle Wein-Sorten.

3.0 (linke Seite)
Klassisches Birnenspalier an einem landwirtschaftlichen Nebengebäude im Wörlitzer Park, Dessau-Wörlitz

3.1
Bei der sogenannten Winterhandveredelung werden in Töpfen vorgezogene Obst-Unterlagen durch die Kopulation (Aufsetzen des schräg angeschnittenen Edelreisers auf die ebenfalls schräg angeschnittene Unterlage) veredelt. Das Bild zeigt angewachsene Apfel-Veredelungen.

Eigenschaften der Obstarten

3.2
Die Sorte 'Elstar' gehört zu den neueren Züchtungen. Die saftigen, aromatischen Früchte können bis in den Herbst am Baum bleiben und sind zudem lange lagerfähig.

3.3
'Rewena' ist eine Züchtung aus der Forschungsanstalt Pillnitz. Sie hat sich als krankheitsresistent gezeigt.

3.4
Dieser streng gezogene mittelstark wachsende Apfelspalierbaum hat viel Fruchtholz angesetzt. Er blüht bei mildem Wetter schon Mitte April.

Apfel *(Malus domestica)*

Dieses Kernobstgehölz ist weltweit in allen gemäßigten Klimazonen verbreitet. Es gibt mehr als 1000 Apfel-Sorten, die alle ursprünglich von Wildapfelbäumen *(M. sylvestris)* abstammen. Sämlinge bringen meist keine besonderen Früchte (Holzäpfel) hervor. Die Sorten werden deshalb durch Veredelung vermehrt. Es gibt verschiedene Baumformen, vom kleinbleibenden Spindelbusch bis zum mächtigen Hochstamm. Die Blütezeit dauert je nach Sorte von April bis Mai. Reife Früchte gibt es mit den Frühsorten bereits Ende Juli (z.B. 'Klarapfel' oder 'Kornapfel', weil die Früchte zur Erntezeit des Getreides reifen). Späte Sorten bleiben in einem kühlen Lager bis zum Frühjahr frisch (z.B. 'Ontario').

Im Garten lässt sich jede Apfelsorte kultivieren, wobei der kleinkronige Spalieranbau eine große Vielfalt möglich macht. Neben guten Neuzüchtungen sind auch wieder bewährte alte Sorten in den Baumschulen und Gartencentern erhältlich.
Beim Kauf eines Apfelbaumes ist auf die Veredelungs-Unterlage zu achten. Sie ist neben der Sortenbezeichnung auf dem Etikett beschrieben (z.B. Apfel-Sorte 'Elstar', Wurzel-Unterlage M 9). Als Spalierbäume eignen sich normalerweise nur schwachwachsende Veredelungen, deren Veredelungsstelle an einer Verdickung am Wurzelhals erkennbar ist. Ideal sind einjährige Veredelungen oder solche Bäume, bei denen die untersten Äste etwa in Kniehöhe beginnen.
Mittelstark wachsende Veredelungen sind für Niedrigstämme oder Halbstämme bestimmt, starkwachsende entwickeln sich zu großkronigen Hochstämmen. Umgekehrt lassen sich starkwachsende Apfelbäume nicht klein halten – auch nicht durch den Schnitt. Sie eignen sich nur als Spalierbäume für großflächige hohe Wände. Die Wahl der richtigen Bäume auf den entsprechenden Veredelungs-Unterlagen ist also die Grundvoraussetzung für ein auf Dauer gutes Wachstum.

Wie sollte der Standort beschaffen sein?

Apfelbäume gedeihen als typische Waldrandpflanzen auch an weniger günstigen Gartenplätzen, sogar in Nordlagen. Natürlich lassen sie sich ebenso an sonnige Plätze setzen. Wichtig ist ein tiefgründiger, stets gut durchfeuchteter Boden ohne Staunässe.

Welche Pflege ist nötig?

Nach der Pflanzung darf die Erziehung mittels Schneiden und Heften nicht vernachlässigt werden. Richtig erzogene Spalierbäume müssen dann nur noch mehr oder weniger regelmäßig ein wenig ausgelichtet werden. Gut bekommt den Bäumen eine reichliche Kompostversorgung auf den Wurzelbereich.

Was ist zu beachten?

Apfelbäume sind selbstunfruchtbar. Es sind also mehrere Exemplare nötig, um Früchte zu erhalten. Pflanzen Sie also stets mehrere Sorten in Gruppen. Natürlich können Bäume in benachbarten Gärten ebenso als Pollenspender dienen. In Gartensiedlungen ist die Befruchtung gesichert. Allerdings ist sie überall vom Wetter abhängig und von der Bestäubung durch Bienen und Hummeln.

Welche Wurzelunterlagen?

Die Wuchskraft der Apfelbäume wird wesentlich von der Veredelungs-Unterlage beeinflusst. Zum Veredeln der jeweiligen Sorten dienen gezüchteten Typen-Unterlagen. Das heißt, die gewünschten Sorten, angefangen bei 'Alkmene' über 'Jonagold' bis 'Zabergäu' werden auf ausgewählte Wurzel-Unterlagen gepfropft oder okuliert. Bereits beim Kauf der Bäume ist darauf zu achten, ob sie auf schwachwachsende (z.B. M 9), mittelstark wachsende (z.B. M 4) oder auf Sämlings-Unterlagen veredelt wurden. Schwachwachsende Bäume eignen sich nur für kleine Spindelbüsche oder Spalierbäumchen. Sie lassen sich nicht als Kronenbäume erziehen.

5

6

3.5: Birnbäume (links) sind gut mit Apfelbäumen kombinierbar. Sie blühen früher als Apfelbäume.

3.6: Säulenapfelbäume oder Ballerinas bilden keine starken Seitenäste. Das Fruchtholz sitzt direkt am Stamm.

Sorte	Pflückreife	Genussreife
Alkmene	September	September bis November
Berlepsch	Oktober	November bis April
Boskoop	Oktober	November bis April
Brettacher	Oktober	Januar bis Juni
Cox Orange Renette	September	Oktober bis März
Discovery	August	August bis September
Elstar	September	September bis März
Geheimrat Oldenburg	September	September bis November
Gloster	Oktober	Dezember bis März
Golden Delicious	Oktober	Oktober bis Juli
Goldparmäne	September	September bis Dezember
Gravensteiner	August	August/September
Idared	Oktober	Dezember bis April
Ingrid Marie	September	Oktober bis März
Jakob Fischer	September	September bis November
Jamba	August	August bis Oktober
James Grieve	August	August bis September
Jonagold	Oktober	Oktober bis Mai
Jonathan	September	November bis Mai
Kaiser Wilhelm	Oktober	November bis Februar
Klarapfel	Juli	Juli bis August
McIntosh	September	September bis März
Melrose	Oktober	November bis Mai
Ontario	Oktober	Dezember bis Mai
Winterglockenapfel	Oktober	Januar bis Juni
Winterrambur	Oktober	Dezember bis März
Zabergäu	Oktober	November bis März
Zuccalmaglio	Oktober	November bis März
*** bei optimaler Lagerung**		

Tabelle 3.1 Erntekalender Apfelsorten (Auswahl)

3.7
Die schwachwachsenden Säulenapfelbäume sind recht gut als Kübelpflanzen kultivierbar. Sie entwickeln durchaus gute Früchte.

Tipp: Sortenwahl bei der Baumschule vor Ort

Es ist ratsam, die Obstbäume bei einer regionalen Baumschule zu kaufen. Dort sind mit Sicherheit solche Sorten zu bekommen, die für das Klima in der Region geeignet sind. Außerdem ist davon auszugehen, dass die Gärtner Pflanzen in guter Qualität anbieten, zumal es die beste Werbung für ihren Betrieb ist. In der Baumschule vor Ort ist es im Übrigen möglich, die passenden Bäume direkt zu begutachten und auszuwählen. Allerdings bieten auch überregional agierende Baumschulen durchaus hochwertige Pflanzen an, zumal auch sie in der Regel dem BdB (Bund deutscher Baumschulen) angehören. Es gibt Obst-Baumschulen, die auch alte Sorten oder besondere neue Züchtungen vermehren, die in regionalen Baumschulen oft nicht erhältlich sind. Der Versand erfolgt per Post. Gelegentlich sind auch 1-jährige Okulanten zu bekommen. Das sind eintriebige Veredelungen, die sich besonders gut für die Spalier-Erziehung eignen. Sie haben noch keine Seitenzweige und können in beliebiger Höhe zur Verzweigung angeregt werden.

7

Frostschutz für Blüten

Die Blüten der Apfelbäume entfalten sich je nach Sorte, Wetter und Lage etwa ab Mitte April bis Anfang Mai. In dieser Zeit muss immer noch mit Spätfrösten gerechnet werden. In den Obstplantagen schützen die Obstbauern ihre Bäume vor einer Frostnacht teilweise durch Beregnen. Durch das Gefrieren des Wassers wird die Kälteeinwirkung auf die Blüte reduziert, gleichzeitig bildet sich ein Eispanzer, der die Blüten vor Erfrierungen schützt. Im Garten ist das Beregnen kaum machbar. Allerdings lassen sich kleine Bäumchen bei Spätfrostgefahr mit einem Vlies aus Acrylfaser umhüllen (Gemüsevlies). Dieser luftige Mantel schwächt den Frost ab. Zum Schutz vor Totalausfällen durch Frost lohnt es sich auch, mehrere Apfelbäumchen verschiedener Sorten zu pflanzen. Dadurch verlängert sich die Blütezeit, so dass nicht alle Bäume vom Spätfrost gleichermaßen betroffen werden.

Bestäuber / Fremdbestäuber

Alle Apfelbäume sind selbstunfruchtbar. Das heißt, sie sind auf Blütenstaub einer geeigneten Befruchtersorte angewiesen. Eine gute Befruchtersorte, d.h. ein universeller Pollenspender, ist z.B. 'James Grieve'. Dagegen ist der 'Boskoop' kein guter Befruchter, aber selbst auf Blütenstaub von anderen Sorten angewiesen. Die Baumschulen haben in der Regel Tabellen, in denen die gegenseitigen Befruchter-Sorten aufgelistet sind. Fündig wird man auch im Internet durch Eingabe des Stichwortes „Befruchtersorten" in eine Suchmaschine. Die Übertragung der Pollen oder des Blütenstaubs erledigen Bienen, Hummeln und andere Insekten beim Sammeln von Nektar. Die Bestäubung erfolgt natürlich nur bei „Bienenflugwetter".

Topfkultur

Obstgehölze werden in den Gartenmärkten sowohl mit losen Wurzelballen als auch in Töpfen (Containerpflanzen) angeboten. Container-Pflanzen können jederzeit in den Garten umgesetzt werden. Sie eignen sich ebenso vorzüglich für die Topfkultur, etwa als ausdauernde Balkon- oder Terrassenpflanzen, wenn sie in ausreichend große Pflanzgefäße mit nährstoffreicher lockerer Erde gepflanzt werden.

Gärtner-Tipp

Manche Personen leiden unter einer Apfel-Unverträglichkeit. Sie reagieren auf bestimmte Sorten mit Krankheits-Symptomen wie Bauchschmerzen, Hitzewallungen u.ä. Viele dieser Sorten stammen vom 'Golden Delicious' ab. Vor der Pflanzung von Apfelbäumen für Obstspaliere lohnt es sich, die gewünschten Sorten auf ihre Bekömmlichkeit zu testen. Einige Züchter weisen in ihren Angeboten auf besonders verträgliche Sorten hin. Oft sind es alte Sorten, die wieder in Mode kommen, aber auch manche neue Züchtungen sind unproblematisch (z.B. 'Topaz').
Eine Liste ist beim BUND Lemgo im Internet zu finden: www.bund-lemgo.de/download/01_Apfelallergie_Plakat_2_Sortenliste2020_10.pdf

Birne *(Pyrus communis)*

Dieses Kernobst wird – wie der Apfel – in allen gemäßigten Klimazonen der Erde angebaut. Es gibt einige neue Züchtungen und etliche gute alte Sorten, die alle von der Wildbirne abstammen. Diese entwickelt einen mächtigen Baum mit kleinen, holzigen Früchten („Holzbirnen"). Für den Garten eignen sich veredelte Sorten besser, insbesondere schwachwachsende Veredelungen auf Quitten-Unterlagen.

Standortansprüche

Birnbäume brauchen einen sonnigen Standort auf tiefgründigen Böden mit gutem Wasserabzug. Am besten gedeihen sie auf lehmigen Sandböden. Besonders gut lassen sie sich als Spaliere an einer Südwand ziehen.

Welche Pflege ist nötig?

Die Pflege richtet sich nach der Erziehungsform. Hochstämme auf Sämlingsunterlagen benötigen, nach der Erziehung und Formgebung in den ersten Jahren, nur noch gelegentlich einen Auslichtungsschnitt. Bei schwachwachsenden Buschbäumchen wirkt ein regelmäßiger Schnitt der vorzeitigen Vergreisung entgegen. Spalierbäume werden am jeweiligen Gerüst gezogen. Das können z.B. Palmetten sein oder Schnurbäume (siehe S. 55 und 56).

Problem Birnengitterrost

Leider werden Birnbäume vom Gitterrost befallen. Erkrankte Blätter sollten nicht am Boden liegen bleiben, sondern zum Müll gegeben werden. Um die Ausbreitung zu verhindern, empfiehlt es sich, die jungen Blätter schon im Frühjahr nach dem Austrieb sofort zu entfernen, wenn sich Befallserscheinungen zeigen.

Tipps zur Sortenwahl

Anders als beim Apfel, von dem in den letzten Jahren viele Neuzüchtungen in den Handel gekommen sind, beherrschen bei den Birnen immer noch uralte Sorten den Markt. Sie stammen vielfach aus dem 19. Jahrhundert, wie etwa 'Gellerts Butterbirne', die als Zufallssämling um 1820 in Frankreich gefunden wurde, 'Alexander Lukas', ebenfalls ein Zufallssämling aus Frankreich um 1870, oder 'Köstliche aus Charneu', ein Zufallssämling aus Belgien um 1800. Selbst 'neue' Züchtungen, wie 'Uta', die in Pillnitz bei Dresden gezüchtet wurde und seit 1996 im Handel ist, stammt von alten Eltern und zwar von 'Madame Verte' (1900) und 'Boscs Flaschenbirne' (1800). Das liegt daran, dass sich diese alten Sorten einfach gut bewährt haben und nicht zu ersetzen sind.

3.8: Die 'Rote Williams Christbirne' reift schon im August. Sie ist nicht lange haltbar und vorzugsweise zum Frischverspeisen oder zum Einmachen geeignet.

3.9: Die weiblichen Blütenorgane (gelbliche Stempel) müssen mit dem Pollen von einem anderen Baum bestäubt werden. Der Pollen oder Blütenstaub entwickelt sich an den männlichen Organen (rot).

3.10: Die Spaliererziehung ist auch ohne Lattengerüst mit Bambusstäben möglich. Die Zweige verholzen mit den Jahren und werden dann selbst stabil.

3.11: Auch bei dieser hohen Birnen-Palmette wurden die Seitenzweige zum Teil mit Stäben waagerecht gebunden. Für hohe Spaliere sind Bäume auf Quitten-Unterlagen ungeeignet.

Was ist zu beachten?

Birnen können zwar auch ohne Bestäubung Früchte entwickeln („Jungfernfrüchtigkeit"). Die Früchte sind aber meistens unförmig und verschrumpelt. Es ist daher förderlich, mehrere Sorten zu pflanzen, die sich gegenseitig bestäuben. Eine gute Befruchtersorte ist die 'Williams Christbirne'. Sie zeichnet sich auch sonst durch gute Eigenschaften aus.

Unterlagen

Während es bei Äpfeln eine Auswahl von mehr als 10 Veredelungs-Unterlagen gibt, die sich durch unterschiedliche Wuchsstärken auszeichnen, werden Birnen im Wesentlichen nur auf der Sämlings-Unterlage und der Quitte veredelt. Sämlings-Unterlagen bringen für starkwüchsige Bäume hervor, insbesondere Hochstämme. Quitten-Unterlagen kommen für Buschbäumchen zum Einsatz. Im Obstbau gibt es zudem weitere Unterlagen, die aus Quitten oder Birnen-Sorten gezüchtet wurden, und zwar für schwachwachsende Bäume die Quitte C, für mittelstark wachsende u.a. Pyrodwarf und Quitte A, sowie für starkwachsende Bäume die 'Kirchensaller Mostbirne'.

Schnittzeitpunkt für Birnen

Genau genommen gibt es keinen Schnittzeitpunkt für Birnbäume – ebenso wenig, wie für andere Obst-Arten – weil sich die Zeit über Monate erstreckt. Traditionell dauert der Winterschnitt etwa von Februar bis März, in wintermilden Regionen sogar von Dezember bis März. Besonders wenn in den Plantagen viele Bäume zu schneiden sind, nutzen die Obstbauern alle günstigen Tage während dieser Periode. Im Garten, wo nur wenig Baumschnitt anfällt, sollte die beste Zeit genutzt werden, und die ist dann, wenn keine starken Fröste mehr zu erwarten sind, aber noch bevor die Bäume wieder „im Saft" stehen, das heißt, bevor

3.12: Bei eigenen Obstbäumen ist eine bedarfsorientierte Ernte möglich. Es werden immer nur die reifen Früchte gepflückt.

3.13: Birnbäume tragen mit rahmweißen Blüten, hellgrünem Laub und einer leuchtenden Herbstfärbung zur Gartengestaltung bei. Zudem prägt das Spalier die Hausfassade.

Sorte	Pflückreife	Genussreife*
Alexander Lucas	September	Oktober bis Januar
Boscs Flaschenbirne	September	Oktober bis Februar
Clapps Liebling	August	August bis September
Conference	September	September bis April
Frühe aus Trévoux	August	August
Gellerts Butterbirne	September	September bis November
Gräfin von Paris	Oktober	November bis Februar
Gute Luise	September	September bis Oktober
Köstliche aus Charneu	September	Oktober bis Februar
Madame Verté	Oktober	Dezember bis April
Pastorenbirne	September	Oktober bis Januar
Tongern	September	September bis Januar
Triumph von Vienne	September	September bis Oktober
Vereinsdechantsbirne	September	September bis Januar
Williams Christbirne	August	August bis Oktober

* bei optimaler Lagerung

Tabelle 3.2: Erntekalender der Birnensorten (Auswahl)

die Wunden „bluten". Zudem sind kleine Eingriffe im Sommer möglich. Beim Grünschnitt etwa im Mai lassen sich bereits störende Triebe ausschneiden oder ausbrechen, solange sie noch weich und nicht verholzt sind. Dann werden die kleinen Schnitt- oder Bruchstellen noch im gleichen Sommer abgeschottet und mit Wundgewebe überwallt. Im Sommer, etwa ab Ende Juni, ist die beste Zeit zum Heften der Spalierbäume. Dann sind die Triebe nicht mehr krautig und weich, sondern fest, aber elastisch und biegsam.

Asienbirne *(Pyrus pyrifolia)*

In ihrer Heimat in Ostasien gehören Asienbirnen oder Nashis zum alltäglichen Tafelobst. Bei uns werden diese mit der Birne verwandten Gehölze erst seit wenigen Jahren angebaut. Sie unterscheiden sich von ihnen durch größere Blätter und runde Früchte, die aber nach Birne schmecken. Die erhältlichen Sorten bilden kleine Bäumchen, die in jeden Garten passen.

Standortansprüche

Asienbirnen sind im Jugendstadium frostempfindlich. Sie sollten daher einen geschützten Platz, z.B. als Spalierbäumchen an einer Südwand bekommen. Der Boden muss tiefgründig und locker sein. Staunässe und Bodenverdichtungen vertragen sie schlecht.

Welche Pflege ist nötig?

Die kleinen Bäumchen lassen sich einfach pflegen. Insbesondere ist zur Erziehung der regelmäßige Schnitt nötig und bei Spalierbäumchen das Heften der jungen Triebe. Später brauchen die Bäumchen nur noch einen gelegentlichen Auslichtungsschnitt.

Was ist zu beachten?

Wie europäische Birnen sind Asienbirnen selbstunfruchtbar. Die Blüten brauchen also Blütenstaub von einem Baum einer zweiten Sorte. Gruppenpflanzungen lohnen sich, zumal die kleinen Bäumchen in jeden Garten passen.

Tipp zu Unterlage und Befruchtung

Asienbirnen werden gewöhnlich auf Birnen-Sämlinge veredelt, erreichen jedoch nur eine Höhe von max. 5 m. Die Blüten dieser asiatischen Birnen-Sorten tragen zur Bestäubung der heimischen Sorten bei und umgekehrt.

3.14
Die Früchte sehen eher Zieräpfeln ähnlich. Sie sind aber wesentlich größer.

3.15
Die frühen Blüten sind spätfrostgefährdet. Am Spalier können sie ggf. mit einem Vlies geschützt werden.

3.16: Asienbirnen tragen reich und regelmäßig. Allerdings müssen passende Befruchtersorten in der Nähe stehen.

3.17: Dieses Wandspalier wurde vernachlässigt. Es hat das kleine Drahtgerüst völlig überwuchert. Durch einen Winterschnitt kann es wieder geordnet werden.

Quitte *(Cydonia oblonga)*

Quitten gehören wie viele Obstgehölze zur Familie der Rosengewächse *(Rosaceae)* und stammen wie viele andere Obst-Arten aus dem persischen Raum. Im Garten passen sie gut zu anderen Obstgehölzen, so können sie gemeinsam mit Strauchobst wie Felsenbirnen, Haseln oder Kornelkirschen in pflegeleichten Obsthecken oder auch freiwachsend etwa an Terrassen oder im Vorgarten gezogen werden. Quitten bilden große Büsche, die Apfelbuschbäumen sehr ähnlich sind. Sie lassen sich auch als Spalierbäume ziehen.

Wie sollte der Standort beschaffen sein?

Problematisch für den Quittenanbau ist ein hoher Kalkgehalt im Boden. Er verursacht Blattchlorosen. Die gelben Blätter sehen unschön aus und sind auch weniger leistungsfähig als gesunde grüne. Dagegen hilft ein Eisendünger oder besser eine Pflanzung auf neutralen oder leicht sauren Boden. Sorten, die auf Weißdorn oder auf Ebereschen veredelt sind, kommen mit kalkhaltigem Boden besser zurecht als Bäume auf Quitten-Unterlagen. Bei der Pflege ist auf Wildtriebe aus der Veredelungsunterlage zu achten. Diese müssen unverzüglich entfernt werden.

3.18: Die Früchte, hier Apfelquitten, sollten lange am Baum ausreifen. Sie können Nachtfröste gut vertragen.

3.19: Die Blüten sind frostgefährdet. Bei Nachtfrösten zur Blütezeit Ende April kann ein Vlies die Frosteinwirkung abschwächen.

3.20: Quittenspaliere sind ungewöhnlich, aber durchaus machbar. Die Erziehung kommt der eines Apfelspaliers gleich.

3.21: Solche Ernten von einem Baum sind keine Seltenheit. Die großen Früchte sind sehr ergiebig, aber mühsam zu verarbeiten (z.B. in Stücke schneiden und als Gelee kochen).

Welche Pflege ist nötig?

Beim Pflanzschnitt wählt man einige kräftige Triebe aus, die gleichmäßig verteilt sind und kürzt sie etwa um ein Drittel ihrer Länge ein. Das Einkürzen der Seitentriebe jeweils an einer nach außen wachsenden Knospe fördert den Austrieb junger waagerechter Triebe. Für das Spalier unbrauchbare abweisende Triebe werden direkt an der Austriebstelle weggeschnitten.

Was ist zu beachten?

Es genügt eine Pflanze, um Früchte zu erhalten, denn Quitten sind selbstfruchtbar. Natürlich lassen sich auch mehrere Pflanzen nebeneinander kultivieren, so etwa Apfel- und Birnenquitten in verschiedenen Sorten (z.B. 'Bereczki', 'Vranja' oder die 'Konstantinopeler').

Tipps zu Unterlage und Baumform

Im Handel sind Quitten vorwiegend als Buschbäume oder Niederstämme erhältlich. Diese sind auf Quitten-Unterlagen veredelt (Quitte A). Gelegentlich sind auch Hochstämme auf Weißdorn-Unterlagen *(Crataegus monogyna)* oder auf Eberesche *(Sorbus aucuparia)* zu bekommen. Diese eignen sich weniger als Spalierbäume, es sein denn, für solche mit hoher Krone.

Kirschen

Auch bei den Kirschen gibt es Sorten, die schon sehr früh im Sommer reifen, und solche die später reif werden. Die Erziehung zu Spalierbäumen ist zwar noch nicht so gebräuchlich wie bei Apfelbäumen, aber durchaus möglich. Vorzugsweise sollte dafür eine schwachwachsende Züchtung gewählt werden, weil die vorwiegend starkwachsenden Süßkirschenbäume große Kronen bilden. Von den Sauerkirsch-Sorten sind wiederum solche besser geeignet, die aufrechte Triebe bilden (z.B. 'Koröser Weichsel'), und weniger solche, die sogenannte Peitschentriebe entwickeln (z.B. 'Schattenmorelle').

Süßkirsche *(Prunus avium)*

Die wilde Vogelkirsche ist die „Mutter" aller Süßkirschen-Sorten. Dieses heimische Wildgehölz wächst zu einem mächtigen Baum heran. Auch die gewöhnlichen Veredelungen brauchen reichlich Raum zur Entfaltung. Mittlerweile gibt es aber auch kleinbleibende Züchtungen. Alle Sorten sind selbstunfruchtbar, d.h. es sind mehrere Bäume verschiedener Sorten erforderlich (z.B. auch in Nachbargärten), damit es zur Bestäubung der Blüten und zur Fruchtentwicklung kommt. Je nach Sorte dauert die Reifezeit der Früchte etwa von Ende Mai bis Ende Juli, die Haupterntezeit für Süßkirschen liegt im Juni und Juli.

Wie sollte der Standort beschaffen sein?

Süßkirschenbäume brauchen tiefgründige, lehmhaltige Böden mit guter Durchlüftung und Wasserführung. Staunässe vertragen sie nicht. Zudem benötigen sie genügend Raum, um ihre großen Kronen zu entfalten. Schwachwachsende Züchtungen, die es mittlerweile zu kaufen gibt, haben auch in kleinen Gärten Platz u.a. auch als Spalierbäume. Ein sonniger Standort begünstigt die Fruchtreife.

Welche Pflege ist nötig?

Nach der Erziehung sollten diese Bäume wenig geschnitten werden, zumal sie von Natur aus breite, lockere Kronen entwickeln. Nur dürres Holz ist unverzüglich zu entfernen. Am Spalier, z.B. als Fächer, darf das Heften im Sommer nicht vernachlässigt werden.

3.22
Auch am Spalier bilden sich büschelige Fruchttrauben. Sie reifen hier gut aus, wenn sie frei geschnitten werden.

3.23
Zur Bestäubung tragen neben Bienen auch Hummeln bei. Es lohnt sich, Nisthilfen für Insekten im Garten anzulegen.

Nr.	Sorte	Befruchtersorte
1	Büttners Rote Knorpel	6, 8, 9, 12
2	Burlat	5, 8
3	Dönnisens Gelbe Knorpel	1, 12
4	Frühe Rote Meckenheimer	5, 8, 10, 12, 14
5	Große Prinzeß	7
6	Große Schwarze Knorpel	1, 5, 8
7	Haumüller Mitteldicke	nicht bekannt
8	Hedelfinger Riesenkirsche	1, 3, 12
9	Kassins Frühe	2, 3, 12, 14
10	Sam	4, 8, 12, 14
11	Schauenburger	8, 13
12	Schneiders Späte Knorpel	5
13	Star	1, 8, 14
14	Van	2, 4, 9, 10, 12

Tabelle 3.3: Befruchtungstabelle für Süßkirschen (Auswahl)
Anwendungsbeispiel: Für 1 = Büttners eignen sich folgende Befruchtersorten: 6 = Große Schwarze Knorpel, 8 = Hedelfinger Riesenkirsche, 9 = Kassins Frühe und 12 = Schneiders Späte Knorpel

Was ist zu beachten?

Leider werden die Früchte immer wieder von Kirschfruchtfliegen befallen. Eine Mischpflanzung mit Sorten, die zu unterschiedlichen Zeiten reifen, macht davon unabhängiger. Bei begrenztem Platzangebot ist es auch möglich, mehrere Sorten auf einen Baum zu veredeln. Das fördert zudem die Befruchtung.

3.24
Bei einem freistehenden Fächerspalier wird der Mittelleittrieb senkrecht gestäbt und gebunden. Die Seitenzweige werden mehr oder weniger waagerecht gebunden.

Tipp: Unterlagen

Neben der starkwüchsigen wilden Vogelkirsche *(Prunus avium)* dient insbesondere der Klon F 12/1 als Unterlage für starkwüchsige Bäume. Weniger stark wächst der Klon Colt, der ebenfalls in East Malling in England gezüchtet wurde. Für kleine Bäume eignet sich besser die Kreuzung Gisela. Auf dieser Unterlage entwickeln sich die Süßkirschen-Kronen nur halb so hoch und breit, wie auf wilden Vogelkirschen.

Tipp

Zur Bestäubung können auch wilde Vogelkirschen beitragen, die gelegentlich an Waldrändern wachsen.

3.25:
Die Früchte bilden sich an den vorjährigen Trieben. Beim Auslichten im Winter sollten viele dieser Triebe erhalten bleiben.

3.26:
Die Blütenknospen sind an der dicken runden Form von den langen schmalen Blattknospen zu unterscheiden.

Sauerkirsche *(Prunus cerasus)*

Die Sorten dieses Steinobstbäumchens stammen von der wilden Weichselkirsche *(Prunus cerasus)*. Sie bleiben alle wesentlich kleiner als gewöhnliche Süßkirschenbäume und entwickeln mehr oder weniger überhängende Triebe. Die Früchte bilden sich aus unzähligen weißen Blüten je nach Sorte im Juni/Juli. Sie eignen sich mehr zur Herstellung von Marmelade und zur Konservierung als für den Frischverzehr. Es gibt selbstfruchtbare und selbstunfruchtbare Sorten. Ein Sortenmix fördert die Befruchtung.

Wie sollte der Standort beschaffen sein?

Für gutes Gedeihen brauchen Sauerkirschbäumchen einen tiefgründigen Boden mit guter Wasserführung in sonniger Lage.

Welche Pflege ist nötig?

Anders als Süßkirschenbäume, die wenig geschnitten werden, bekommt den Sauerkirschbäumen ein gelegentlicher Auslichtungsschnitt gut, zumal sie dichte Kronen entwickeln. Vor allem sollten immer wieder stark überhängende Triebe, sogenannte Peitschentriebe, eingekürzt werden. Das kann im Sommer nach der Ernte oder auch im Spätwinter geschehen. Zudem gilt es, kranke Triebe unverzüglich zu entfernen (Spitzendürre oder Monilia). Im Sommer ist es für die Spaliererziehung auch förderlich, abweisende Triebe zu entfernen und brauchbare an das Spalier zu heften.

Was ist zu beachten?

Neben den weniger stark wachsenden Süßkirschen auf der Veredelungs-Unterlage 'Gisela' eignen sich Sauerkirschen auch für kleine Gärten. Es gibt auch Sorten mit weniger Säure (z.B. 'Morellenfeuer').

Tipp: Bestäuber

Bei der Wahl eines Sauerkirschbaumes ist zu beachten, ob er selbstfruchtbar oder selbstunfruchtbar ist. Selbstunfruchtbare Sorten (z.B. 'Köröser Weichsel') sind auf einen passenden Pollenspender angewiesen, also auf einen 2. Baum einer geeigneten Sorte (evtl. in einem Nachbargarten). Bei selbstfruchtbaren Sorten (z.B. 'Schattenmorelle') ist die Bestäubung auch bei einem Baum gesichert.

Unterlage

Sauerkirschen werden meistens auf Steinweichseln (*Prunus mahaleb*) veredelt. Als Unterlagen dienen zudem auch Vogelkirschen, die größere Bäume bilden.

27

3.27: Bereits im Sommer zur Erntezeit der reifen Früchte bilden sich die neuen Blütenknospen für das nächste Jahr. Sie sollten bei der Ernte nicht beschädigt werden.

Pflaumen, Zwetschgen, Renekloden, Mirabellen

(Prunus domestica)

Neben Kirschen, Pfirsichen und Aprikosen gehören Pflaumen zu den wichtigsten Steinobstarten im Garten. Dazu zählen auch Zwetschgen, Renekloden und Mirabellen, die sich im Wesentlichen nur in der Fruchtform und Farbe, sowie im Geschmack unterscheiden. Alle Pflaumen heißen botanisch *Prunus domestica*. Sie stammen ursprünglich aus dem Kaukasus und wurden wahrscheinlich – wie viele Obst-Arten – von den Römern im Mittelmeerraum und später auch nördlich der Alpen angesiedelt. Im Frühjahr sind die Bäume mit weißen Blüten übersät. Im Spätsommer

3.28: Die Blüten entfalten sich mit dem Blattaustrieb. Die Knospen sitzen an vorjährigen Trieben und an kurzen Fruchtspießen am alten Holz.

3.29: Bei guter Bestäubung reifen viele Früchte. Hier die Sorte 'Topend Plus'.

3.30: Mirabellen unterscheiden sich durch runde, gelbe Früchte. In ertragreichen Jahren ist die Fülle kaum zu schaffen, weil alle Früchte fast zur gleichen Zeit reif werden.

28

29

30

3.31
Der Erntekorb zeigt drei verschiedene Pflaumen-Arten und zwar von links: Kirschpflaumen, Mirabellen und Renekloden.

3.32
Bienen tragen wesentlich zur Bestäubung der Blüten bei. Sie selbst profitieren vom Blütenstaub, den sie an „Höschen" an den Beinen sammeln.

bringen sie dann reichlich Frucht. Zwetschgen oder auch Zwetschen haben eine typische ovale Fruchtform und eine blaue Haut. Die bekanntesten sind wohl die 'Hauszwetschgen'. Ähnliche Früchte trägt die 'Italienische Zwetschge'. Sie sind aber deutlich größer als Hauszwetschgen.
Pflaumen unterscheiden sich durch die runde Fruchtform und die rote oder gelbe Farbe. Bekannte Sorten sind 'Königin Viktoria' und die 'Ontariopflaume'.
Renekloden oder Reneclauden sind ebenfalls rund. Es gibt rote, gelbe und blaue Sorten, so etwa 'Graf Althans', 'Große Grüne Reneclaude' oder 'Quillins'. Auch die Mirabellen sind rund, aber deutlich kleiner. Die bekannteste ist wohl die 'Nancymirabelle'. Natürlich unterscheiden sich die Sorten auch im Geschmack, in der Reifezeit und in der Haltbarkeit. Der Ertrag ist sehr von der Bestäubung abhängig. Es gibt selbstfruchtbare und selbstunfruchtbare Sorten. Bei selbstfruchtbaren Sorten wie der 'Hauszwetschge' genügt ein Exemplar, um Früchte zu erhalten. Selbstunfruchtbare Sorten, wie die 'Große Grüne Reneklode' fruchten nur, wenn sie Blütenstaub von anderen, und zwar passenden Sorten bekommen.

Wie sollte der Standort beschaffen sein?

Die robusten Bäumchen wachsen auf jedem Gartenboden. Er sollte nährstoffreich und wasserführend sein. Eine sonnige Lage begünstigt die Fruchtreife.

Welche Pflege ist nötig?

Ungepflegte Pflaumenbäume haben häufig mit Krankheiten zu kämpfen. Neben dem Schnitt und dem Ausputzen kranker Zweige ist eine gute Bodenpflege das beste „Pflanzenschutzmittel". Kompostgaben auf die Baumscheiben sichern die Nährstoffversorgung und erhalten die Bodenfeuchtigkeit.

Was ist zu beachten ?

Pflaumenbäume sind von Natur aus relativ kleine Gehölze. Auch die starkwüchsigen unter ihnen erreichen nur 5-7 m Höhe, wobei sie kugelige Kronen bilden. Nicht zu vernachlässigen ist ein regelmäßiger Erziehungsschnitt jeweils im Spätwinter in den ersten Jahren nach der Pflanzung. Weiterhin ist ein Sommerschnitt und das Heften junger Triebe nötig. Dadurch wird ein geordnetes Astgerüst am Spalier festgelegt. Später genügt dann das Auslichten der erzogenen Spalierbäume.

Wildtriebe

Achten Sie beim Kauf auch auf die Veredelungs-Unterlagen und wählen Sie je nach Platzangebot schwachwachsende oder wüchsige Typen. Die Veredelungs-Unterlagen treiben übrigens besonders bei Pflaumen immer wieder gerne aus dem Boden aus. Solche Wildtriebe müssen unbedingt entfernt werden und zwar möglichst gründlich. Sonst breiten sie sich im ganzen Garten aus und sind dann nur noch mit Mühe loszuwerden.

Unterlagen

Die Sorten werden auf ausgewählten Unterlagen veredelt. Dazu dienen junge Bäumchen der Myrobolana-Pflaume *(Prunus myrobolanus)* oder der St. Julien-Pflaume. Veredelungen auf der Myrobalana wachsen stärker als auf der St. Julien.

Pfirsich *(Prunus persica)*

Dieses kleine Steinobstgewächs, das ursprünglich aus China stammt, ist eigentlich eher ein Großstrauch als ein Baum, da das Bäumchen kein kräftiges Geäst entwickelt. Die meisten Sorten sind selbstfruchtbar, zum Fruchten genügt also ein Exemplar im Garten. Mischpflanzungen sichern aber bessere Ernten, zumal Frostschäden immer wieder Ausfälle zur Folge haben.

Standortansprüche

Pfirsichbäumchen sollten die besten Plätze im Garten bekommen. Ideal sind geschützte vollsonnige Südlagen oder bei Spaliererziehung Südwände. Sie brauchen tiefgründigen, humosen Boden mit gutem Wasserabzug.

Welche Pflege ist nötig?

Wenn der Standort passt, entwickeln sich buschige Bäumchen. Zur Kräftigung des Geästs ist ein Rückschnitt der Zweige nützlich. Gut tragende Bäumchen sollten gestützt werden, um das Ausschlenzen (Ausbrechen) der Zweige zu verhindern. Am Spalier werden die Äste ohnehin sicher festgebunden, so dass sie nicht abbrechen können. Weiterhin sollten vor allem Jungpflanzen einen Frostschutz bekommen.

Tipp: Schutz vor Spätfrost

Pfirsichbäume blühen je nach Sorte, Wetter und Lage schon Ende März/ Anfang April. Die Blüten sind dann natürlich frostgefährdet. Zum Schutz eignen sich Vliese (Gemüsevlies), die vor einem Kälteeinbruch vorsichtig ohne Beschädigung der Blüten am Spalier befestigt werden.

Was ist zu beachten?

In rauen Regionen ist es besser, auf dieses empfindliche Obstgehölz zu verzichten oder es durch robustere Arten (z.B. Aprikosen) zu ersetzen. Sonst müssen immer wieder Ausfälle durch Frost hingenommen werden. Am Spalier kann das Bäumchen allerdings mit Vlies geschützt werden.

Kräuselkrankheit vorbeugen

Ein Pilz namens *Taphrina deformens* verursacht starke Verformungen der Blätter. Die durch „Kräuselkrankheit" beschädigten Blätter tragen nicht mehr zur Versorgung des Baumes bei. Vorsorglich sollten Pfirsiche unter einen Dachvorsprung gepflanzt werden, um sie vor Regen zu schützen und die Infektion durch Pilzsporen zu verhindern. Hilfreich können auch Spritzungen mit biologischen Fungiziden und Stärkungsmitteln sein, sowie die Pflanzung resistenter Sorten (z.B. 'Pilot', 'Thorens' u.a.).

33

3.33: Es empfiehlt sich bei der Erziehung auf einen senkrechten Mittelleittrieb zu achten, an dem gut verteilte waagerechte Seitentriebe sitzen.

3.34: Der Pfirsichbaum bildet sogenannte „wahre" Fruchttriebe und „falsche" Fruchttriebe. Wahre Fruchttriebe haben sowohl dicke Blütenknospen, als auch schmale Blattknospen. Sie bleiben erhalten. Falsche Fruchttriebe haben nur Blütenknospen und werden ausgeschnitten.

3.35: Vom Pfirsich gibt es großblütige Sorten und kleinblütige Sämlinge. Beide bilden gleichermaßen gute saftige Früchte, wobei die der Sorten meist größer sind.

34

35

Aprikose *(Prunus armeniaca)*

Diese kleinen Steinobstbäumchen waren ursprünglich vom Kaspischen Meer bis Nordchina verbreitet. Mittlerweile wurden sie weltweit in gemäßigten Klimazonen angesiedelt. Bei uns brauchen sie geschützte Plätze. Obwohl das Holz robuster ist als das des Pfirsichbaumes, kann die frühe Blüte Spätfrostschäden abbekommen.

Standortansprüche

Im Hausgarten bekommen Aprikosen einen vollsonnigen Platz auf tiefgründigem, nährstoffreichem, wasserführendem Boden. Sie lassen sich auch gut an Spalieren ziehen, wenn sie genügend Ausbreitungsfläche haben.

Welche Pflege ist nötig?

Nach der Erziehung brauchen Aprikosen nur noch sehr maßvoll geschnitten werden. Allerdings ist es nötig, kranke Triebe unverzüglich zu entfernen, um eine Ausbreitung der Welkeerreger zu verhindern. Günstig auf die Gesunderhaltung wirkt sich wie bei allen Obstarten das Mulchen mit Kompost aus.

Was ist zu beachten?

Aprikosen sind selbstfruchtbar. Es genügt also ein Exemplar, um Früchte zu erhalten. Leider fruchten sie dennoch nicht regelmäßig. Bei ungünstigem Wetter fällt der frühe Flor dem Frost zum Opfer.

Vorsicht Scharkakrankheit!

Gelegentlich werden insbesondere nach starkem Rückschnitt innerhalb kurzer Zeit ganze Äste welk und dürr. Ursache für dieses sogenannte „Schlag treffen" ist ein Virus. Die betroffenen Zweige sind unverzüglich bis ins gesunde Holz zurückzuschneiden.

3.36: Reife Aprikosen aus dem eigenen Garten sind unvergleichlich im Geschmack. Sie können vollreif geerntet werden.

3.37: Die Blüten entfalten sich bei mildem Wetter manchmal schon im März. Dann können Spätfröste gefährlich werden.

Tipp zur Sortenwahl

Die Auswahl an Sorten richtet sich nach dem Angebot der regionalen Baumschulen. Bewährt haben sich alte Sorten wie die 'Nancyaprikose' und die 'Ungarische Beste', die nach wie vor zu empfehlen sind.

3.38: Eine südseitige Hauswand bietet sich zur Vorpflanzung der wärmebedürftigen Bäume an. Ein Lattengerüst ist nicht unbedingt nötig.

3.39: Werden mehrere Bäume an ein Holzspalier gepflanzt, entsteht ein üppiger Bewuchs.

Beerenobst

Johannisbeere *(Ribes-Sorten)*

Diese Gehölze aus der Familie der Steinbrechgewächse *(Saxifragaceae)* finden in jedem Garten Platz. Obwohl die Pflanzen selbstfruchtbar sind, sollten stets mehrere Exemplare verschiedener Sorten gesetzt werden. Das begünstigt die Befruchtung und verlängert die Erntezeit. In Baumschulen und Gartenmärkten finden sich rote, schwarze und gelbe Züchtungen in Strauch- oder Stammform.

Standortansprüche

Alle Sorten gedeihen am besten auf humosen Böden mit guter Wasserführung an sonnigen oder halbschattigen Standorten.

Welche Pflege ist nötig?

Neben dem regelmäßigen Schnitt, der die Verjüngung fördert, bekommt den Johannisbeerbüschen oder -bäumchen das Mulchen mit Kompost oder Grasschnitt gut. Es hält den Boden feucht und schützt das flache Wurzelwerk. Bei Stammformen, die auf wilde Goldjohannisbeeren veredelt sind, müssen gelegentlich Wildtriebe aus den Veredelungsunterlagen entfernt werden.

Tipp zur Sortenwahl

In den letzten Jahren wurden viele neue Sorten gezüchtet, die sich durch geringe Anfälligkeit für Mehltau auszeichnen. Es lohnt sich, solche Züchtungen zu pflanzen, z.B. 'Rosetta', 'Rovada' (rot); 'Titania', 'Ben Sarek' (schwarz).

Was ist zu beachten?

Die Sträucher lassen sich recht einfach im Sommer durch Stecklinge oder im Winter durch Steckhölzchen vermehren, die von ausgewählten Mutterpflanzen geschnitten werden. Achten Sie darauf, dass diese frei von Krankheiten sind (d.h. ohne Rostpilze und mehltaufrei).

40

41

3.40: Die selbstfruchtbaren Blüten bilden sich an vorjährigen Trieben und kurzen Fruchtspießen am alten Holz.

3.41: Die 'Weiße Versailler' gehört zu den Roten Johannisbeeren. Sie schmeckt säuerlich süß.

3.42: Die von Natur aus vieltriebigen Sträucher lassen sich auch eintriebig ziehen und sollten an ein Spalier geheftet werden.

3.43: Die Sorte 'Rotan' zeichnet sich durch eine gute Mehltauresistenz aus. Das ist hier an gesunden Blättern und makellosen Früchten zu sehen.

3.44: Die Jostabeere ist eine Kreuzung aus Schwarzen Johannisbeeren und Stachelbeeren. Auch im Geschmack verbinden sich die Eigenschaften beider Obst-Arten.

42

43

44

Himbeere *(Rubus idaeus)*

Diese typischen Waldpflanzen zählen zu den Halbsträuchern. Sie entwickeln keine ausdauernden Zweige, sondern bilden kurzlebige Bodentriebe. Als sogenannte Pionierpflanzen breiten sie sich stark durch Wurzelausläufer aus. Im Handel sind verschiedene Sorten erhältlich, die sich besser für den Garten eigenen als Wildpflanzen.

Standortansprüche

Himbeeren brauchen lichte Plätze mit lockerem Boden. Das Mulchen mit Kompost, Grasschnitt und dergleichen hält sie gesund und wüchsig. Sehr gut bieten sich z.B. Hanglagen oder andere ungenutzte Flächen an, wo sie sich ausbreiten dürfen. Sonst sind sie besser an einem gepflegten Spalier aufgehoben.

3.45: Die Früchte entwickeln sich an einjährigen Trieben, an den Trieben also, die im Sommer gewachsen sind.

3.46: Auch bei diesem Obst sind Bienen maßgeblich an der Bestäubung beteiligt. Zur Blütezeit im Sommer suchen die Tiere diese Nektarquelle gerne auf, weil nicht so viel blüht, wie im Frühjahr.

3.47: Am Spalier lassen sich die sonst wuchernden Halbsträucher besser in Zaum halten, als im freien Gelände.

Welche Pflege ist nötig?

Die kurzlebigen Ruten müssen nach der Ernte oder im Spätwinter abgeschnitten werden. Die Jungtriebe, die während des Sommers immer wieder aus dem Boden sprießen, werden ausgedünnt und an ein Gerüst geheftet. Es ist wichtig, kranke Ruten unverzüglich abzuschneiden und zu verbrennen.

Was ist zu beachten?

Die Vermehrung guter Sorten durch bewurzelte Ausläufer ist unkompliziert. Neben rundfrüchtigen Sorten sind auch besonders großfrüchtige Kreuzungen im Handel (z.B. 'Loganberry' und 'Tayberry').

Tipp zur Sortenwahl

Es gibt im Sommer tragende und im Herbst tragende Sorten. Die erste Ernte gibt es schon im Juni von 'Pechs Gigant', danach reifen u.a. 'Malling Jewel' (Juli) und 'Schönemann' (August bis Oktober) und 'Autumn Bliss' (August bis Oktober).

Brombeere *(Rubus-Sorten)*

Die im Handel angebotenen Gartenbrombeeren sind durch Selektion und Kreuzung verschiedener Wildarten entstanden. Es gibt sommergrüne und immergrüne Züchtungen, sowie dornenlose und solche mit bewehrten Trieben. Es sind Halbsträucher, die kein Geäst entwickeln, sondern kurzlebige Zweige. Sie blühen im Sommer und fruchten im Herbst. Die Züchtungen wuchern weniger stark als wilde Brombeeren und lassen sich recht einfach in Form halten.

Standortansprüche

Wer genügend Platz z.B. an einem ungenutzten Hang hat, kann diese wüchsigen Halbsträucher verwildern lassen. Bei strenger Kultur brauchen sie ein Spalier oder eine Kletterhilfe. Das kann auch ein Drahtzaun sein. Auf jeden Fall ist ein humoser Boden nötig.

Welche Pflege ist nötig?

Eine strenge Erziehung ist nicht möglich, zumal die Triebe nur wenige Jah-

re erhalten bleiben. Vielmehr ist eine ständige Verjüngung nötig. Dazu werden nach der Ernte im Herbst oder im Spätwinter immer wieder die alten abgetragenen Ruten entfernt. Junge Triebe bleiben erhalten. Falls nötig (bei Gefahr von starken Frösten), bekommen sie einen Winterschutz. Neben der Verjüngung ist eine reichliche Humusversorgung nützlich, etwa durch das Mulchen mit Kompost.

Was ist zu beachten?

Brombeeren lassen sich einfach durch Absenker vermehren. Dazu drückt man Triebe zu Boden, verankert sie, z.B. mit Metallhaken, und häufelt mit Humus an. Nach der Bewurzelung können sie von der Mutterpflanze abgetrennt und umgepflanzt werden.

3.48
Brombeeren blühen im Frühsommer an kurzen jungen Trieben, die sie aus den vorjährigen Ruten entwickeln.

3.49
Am Spalier bleiben die Früchte trocken und sauber - anders als bei wildem Wuchs, wo sie zum Teil am Boden liegen.

3.50
Auch Brombeerblüten werden von Bienen und anderen Insekten bestäubt. Während des Sommers entfalten sich ständig neue Blüten.

3.51
Im Garten können die reifen Früchte immer wieder durchgepflückt werden. Die Erntezeit erstreckt sich über viele Wochen.

Tipp: Tayberry

Durch Kreuzung der Brombeere mit der Himbeere ist die 'Tayberry' entstanden, deren Früchte eher Himbeeren ähnlich sind. Leider haben die Pflanzen keine ausreichende Frosthärte und sind auf einen Schutz angewiesen. Dazu werden die Triebe im Herbst zu Boden gedrückt, mit Laub oder Stroh angehäufelt und mit Reisig bedeckt.

3.52:
Die Früchte bilden sich im Sommer an den jungen Trieben und reifen bis zum Spätherbst aus.

3.53
An einem geschützten Platz in einem Innenhof können sich schöne Büsche entwickeln. Dieser große Feigenbaum hat schon Fröste bis -10°C ertragen.

3.54
Die typischen Mittelmeerpflanzen lassen sich sehr gut in großen Kübeln kultivieren. Die Überwinterung ist auch in einem kühlen Keller möglich, zumal die Pflanzen im Herbst ihr Laub verlieren.

Feige *(Ficus carica)*

Dieses Gehölz aus der Familie der Maulbeergewächse *(Moraceae)* ist im Mittelmeerraum heimisch. Der sommergrüne Baum oder Busch kann sich nach radikalem Rückschnitt infolge von Frostschäden wieder verjüngen. Die Sorten sind selbstfruchtbar. Wildfeigen brauchen eine besondere Wespe zur Befruchtung.

Standortansprüche

Das Auspflanzen ist nur in sehr milden Regionen und an sehr geschützten Plätzen (z.B. in Innenhöfen) zu empfehlen. Sicherer ist die Kultur in großen Kübeln mit lockerem Substrat und Lehmanteil und die Überwinterung in einem frostfreien, aber kühlen Raum.

Welche Pflege ist nötig?

Zur Erziehung und Verjüngung muss gelegentlich zurückgeschnitten werden, jedoch ist ein natürlicher, knorriger Wuchs erstrebenswert. Möglichst langer Aufenthalt im Herbst im Freien begünstigt das Ausreifen und Verholzen der jungen Triebe.
Bei ausgepflanzten Büschen ist dringend ein ausreichender Frostschutz zu empfehlen. Günstig ist das Anhäufeln mit lockerem Material (Laub oder Stroh) im Wurzelbereich bis ca. in Kniehöhe.

Tipp

Die Vermehrung gelingt durch Steckhölzer im Winter recht zuverlässig. Dadurch lassen sich gute Sorten selber ziehen, die sich z.B. durch besondere Früchte und eine ungewöhnliche Frosthärte auszeichnen.

Weinrebe *(Vitis vinifera)*

Diese heimische Waldpflanze kann eine Höhe von 20 m erreichen, wenn sie eine entsprechende Kletterhilfe findet. Sie lässt sich aber auch in 1 m Höhe halten, wenn sie streng geschnitten wird. Im Garten kommen wohl weder wuchernde Wildpflanzen, noch niedrig gehaltene Weinstöcke in Frage, als vielmehr maßvoll geformte Spaliere mit ausgewählten Sorten. Weinreben sind selbstfruchtbar. Es genügt also ein Exemplar, obwohl die Pflanzung mehrerer verschiedener Sorten zu empfehlen ist.

Standortansprüche

Reben brauchen tiefgründigen, nährstoffreichen Boden mit guter Wasserführung in vollsonniger Südlage. Ideal sind Spaliere an einer Südwand. Gut eignet sich aber auch eine Pergola, an der die Rebe zur Gestaltung und Begrünung beiträgt, so dass mit der Zeit eine dichte Laube entsteht. Gleicher-

3.55: Die Gescheine (Blütenstände) duften nach Pfirsich und Vanille.

3.56: Diese Erziehungsform ist in Italien gebräuchlich. Die Hochstämme machen eine Unterpflanzung mit Gemüse möglich (Weinsorte 'Aromato').

3.57: Der 'Dornfelder' ist eine Rotwein-Sorte, die sich auch im Hausgarten gut kultivieren lässt.

maßen kann sie zur Begrünung eines Zaunes eingesetzt werden.

Welche Pflege ist nötig?

Die Pflege richtet sich nach der Erziehungsform und nach der gewünschten Qualität der Früchte. Während freiwachsende Spaliere, die ungehindert ohne Schnitt wachsen dürfen, keine besondere Pflege brauchen, darf bei strengen Formen wie dem Fächer oder Schnurstock der jährliche Winter- und Sommerschnitt nicht versäumt werden. Zudem ist bei Jungpflanzen ein Frostschutz empfehlenswert. Weinreben sind extrem schnittverträglich. Sie lassen sich jedes Jahr im Spätwinter bis auf kurze Zapfen mit wenigen Knospen zurückschneiden und bringen im Frühjahr wieder lange Triebe hervor, die am einjährigen Holz reichlich fruchten. Bei Bogreben bleiben dann etwa 1 m lange Triebe erhalten, beim Schnitt auf Zapfen bleiben nur kurze Stummel mit etwa 3 Knospen stehen. Es können uralte Stämme entstehen, die immer wieder frische junge Triebe hervorbringen.

Gärtner-Tipp

Die Entscheidung für eine strenge oder freie Erziehung muss von Anfang an feststehen. Eine Bogrebe braucht den jährlichen starken Rückschnitt, damit sie in Form bleibt. Ein freier Fächer darf dagegen später nicht mehr stark zurückgeschnitten werden. Weinreben verkraften zwar auch den Schnitt ins alte Holz, die jungen Triebe, die sich daraus entwickeln, fruchten jedoch nicht, sondern immer nur die vorjährigen.

Was ist zu beachten?

Wählen Sie auch für den Garten reblaus-resistente Pfropfreben, die für Erwerbsanbaugebiete ohnehin vorgeschrieben sind. Besonders zu empfehlen sind neue Züchtungen, die weniger von Mehltau und anderen Krankheiten befallen werden.

3.58: Rotwein-Sorte 'Merlot'

Tipp

Neben der heimischen Weinrebe *(Vitis vinifera)* und deren Sorten, eignet sich auch die Amerikaner-Rebe *(V. labrusca)* zur Herstellung von Hauswein, insbesondere die Sorte ‚Boskoops Glorie'. Die Amerikaner-Rebe ist reblaus-resistent und dient für alle Sorten als Wurzelunterlage. Sie kann einfach durch Steckholz vermehrt werden.

3.59: Weißwein 'Müller-Thurgau'

3.60: Ob die Kiwi selbstfruchtbar ist, lässt sich an den Blüten erkennen. Hier sind weibliche Stempel und männliche Staubgefäße erkennbar. Selbstunfruchtbare haben nur weibliche oder nur männliche Organe.

3.61: Bei wuchernden Pflanzen auf einer Pergola sind die Früchte oft unter dem Blattwerk versteckt. Sie sollten zur Reifezeit frei geschnitten werden.

3.62: Diese Kiwis an Spannseilen erhalten keinen Schnitt. Sie blühen und fruchten trotzdem.

3.63: Die Blüten der Bayernkiwi sind selbstunfruchtbar. Zur Befruchtung sind eine männliche und eine weibliche Pflanze nötig.

Kiwi

(Actinidia arguta und *A. chinensis)*

Die braunen Früchte haben sich in wenigen Jahren auf den Obstmärkten etabliert. Die meisten Kiwis kommen aus Neuseeland. Sie lassen sich aber auch im Garten kultivieren. Die bekannten Kiwis gehören zur Gattung *Actinida chinensis*. Die neueren 'Bayern-Kiwis' stammen von *Actinida arguta* ab. Beides sind asiatische Gewächse, die vorwiegend in China wild wachsen. Für den Garten kommen sowohl die großfrüchtigen *Actinida chinensis* als auch die kleinfrüchtigen *Actinida arguta*-Pflanzen in Frage. Letztere werden übrigens schon lange Zeit als Kletterpflanzen kultiviert und zwar unter dem Namen 'Strahlengriffel'.

Die Entscheidung für große oder kleine Kiwis ist von der Lage abhängig. Die großfrüchtige *Actinidia chinensis* ist frostempfindlicher als die kleinfrüchtige *A. arguta*.

Standortansprüche

Beide Arten und natürlich auch alle Sorten sind Schlingpflanzen (anders als Weinreben, die Ranken entwickeln). Sie brauchen ein Gerüst, das sie umschlingen können. Ideal sind Pergolen oder Wandspaliere.

Welche Pflege ist nötig?

Junge Kiwipflanzen sollten in den ersten Jahren nach der Pflanzung einen Frostschutz bekommen. Sobald sie verholzt sind, überstehen sie auch

Tipp

Beide Arten sind gleichermaßen zweihäusig. Das heißt, es gibt weibliche und männliche Pflanzen. Um Früchte zu bekommen müssen also mindestens zwei Exemplare verschiedenen Geschlechts gepflanzt werden. Auch die in Weihenstephan gezüchtete Bayern-Kiwi alias 'Weiki' ist zweihäusig. Nur einige neue *Actinidia chinensis*-Sorten sind einhäusig; so etwa 'Boskoop', eine holländische Züchtung. Bei ihnen sind die weiblichen und männlichen Blütenorgane voll ausgebildet und funktionsfähig.

strenge Winter schadlos. Das Heften der Triebe und das Auslichten hält die Pflanzen in Form. Sie können streng an einem Spalier gezogen werden oder auch frei wachsend auf einer Pergola.

Was ist zu beachten?

Kiwis bringen ihre Blütentriebe aus Knospen am vorjährigen Holz hervor. Sie können wie Weinreben auf Zapfen mit wenigen Knospen oder auf längere Bogen mit mehr Knospen geschnitten werden. Bei kurzem Schnitt auf Zapfen entwickeln sich kräftigere junge Triebe als beim Schnitt auf Bogen.

64

3.64: Gut eingewachsene Mispel-Bäumchen fruchten reich und regelmäßig. Solche besonderen Obstgehölze werden leider nur selten gepflanzt.

Mispel *(Mespilus germanica)*

Die Germanen konnten wahrscheinlich noch keine Mispeln kosten. Die Früchte reifen nämlich auf importierten Obstbäumchen. Ihre Heimat liegt in Vorderasien und im östlichen Mittelmeerraum. Mispeln müssen erst Frost bekommen, damit die Früchte essbar werden. Der macht sie teigig und weich. Ein Exemplar genügt, denn die Bäumchen sind selbstfruchtbar. Sie werden nur etwa zwei Meter hoch und breit und passen praktisch in jeden Garten. Veredelungen auf Weißdorn lassen sich als kleine Kronenbäumchen ziehen.

Standortansprüche

Sie gedeihen auf jedem guten Gartenboden. Der Standort kann sonnig oder halbschattig sein.

Welche Pflege ist nötig?

Die buschigen Gehölze nehmen einen Schnitt durchaus hin. Insbesondere bei Spalierbäumen ist ein regelmäßiger Erziehungsschnitt nötig. Nach der Pflanzung brauchen die Bäumchen etwa drei bis vier Jahre bis zum Blühen und Fruchten. Die Blüten sind nicht frostgefährdet, weil sie sich erst im Mai/Juni an den Triebspitzen entfalten. Auch die Pflanzen selbst sind recht robust und frosthart.

Was ist zu beachten?

Jungpflanzen sind in gut sortierten Baumschulen und manchmal auch im Versandhandel erhältlich. Es gibt Sämlinge und Veredelungen. Sämlinge werden durch Aussaat ausgewählter Pflanzen gewonnen, Veredelungen entstehen durch Pfropfung ausgewählter Triebe auf Mispelsämlinge oder auch auf Weißdorn. Zudem sind Veredelungen auf Quitte und auf Birne möglich.

Tipp

Die kupferbraunen Früchte sollten nicht gepflückt und verzehrt werden, wenn sie noch hart und unreif sind. Dann sind sie ungenießbar und kratzen im Hals. Erst nach einer Frostnacht werden sie genießbar. Dann ist aber auch eine rasche Ernte nötig, weil sie danach nicht lange haltbar sind.

65

3.65: Die rahmweißen Blüten entfalten sich an den Spitzen der jungen Triebe, also nicht aus im Vorjahr gebildeten Knospen (z.B. wie beim Apfel).

3.66: Auch die bronzefarbenen Früchte reifen an den Triebspitzen. Sie sollten so lange wie möglich am Baum bleiben.

66

3.67: Durch die Spalier-Erziehung lässt sich ein Mispelbaum besonders kompakt halten.

67

4 Spalierformen

Beispiele klassischer Spalierformen sind in den Abb. 4.1 bis 4.9 dargestellt.

- **Einfache Palmette**

Die Formung einer einfachen Palmette beginnt bereits mit dem Bau des Stützgerüstes. Die formgebende und stützende Latten- oder Drahtkonstruktion ist durchweg waagerecht ausgerichtet. Die erste waagerechte Strebe sollte etwa in Kniehöhe liegen. In dieser Höhe entwickelt sich die unterste Etage der Palmette. Die nächste Strebe montiert man etwa 25 cm höher. In gleichen Abständen folgen alle weiteren Streben, bis das Spalier die gewünschte Höhe erreicht hat. Für die einfache Palmette eignen sich eintriebige oder auch verzweigte Jungpflanzen. Bei dieser Erziehungsform bleibt ein senkrechter Mitteltrieb erhalten. Dieser wird von Jahr zu Jahr weiter nach oben gelenkt, so dass sich ein senkrechter Stamm ausbildet. Brauchbare Seitentriebe werden jeweils links und rechts waagerecht an die Querstreben geheftet.

- **Verrier-Palmette oder Gabel-Spalier**

Diese abgewandelte Form einer Palmette wurde um 1850 vom Gartenbau-Lehrer Louis Verrier entwickelt und erinnert an eine Gabel oder einen Leuchter. Die Leitäste werden zunächst ein Stück waagerecht geführt und dann jeweils senkrecht nach oben gebogen, so dass die Leitäste paarweise eine U-Form bilden.

- **U-Form/V-Form**

Bei diesem Typ werden zwei Triebe im Abstand senkrecht nach oben (U-Form) oder schräg nach oben (V-Form) gelenkt. Sie garnieren sich mit der Zeit mit Fruchtholz. Die U-Form eignet sich z.B. gut zur Einrahmung eines Fensters.

4.1: Palmette aus Niedrigstamm-Birnbäumen

4.2: Birnbaum zur Verrier-Palmette gezogen

4.3: Apfelbaum in Doppel-U-Form.

4.4: Apfelbaum in U-Form

4.5: Spindelbusch-Apfelbäume als gerade Cordons

4.6: Birnbäume, zu schrägen Cordons gepflanzt, mit Früchten.

4.7: Hier wurden Apfelbäume kreuzweise zu schrägen Cordons gepflanzt, so dass eine Hecke mit V-förmiger Struktur wächst (Bouché-Thomas-System).

4.8 und 4.9
Bei der Bogenerziehung bleiben nur zwei einjährige Triebe erhalten und werden bogenförmig nach unten gebunden. Aus den Knospen dieser Bogen haben sich im Sommer kräftige Triebe entwickelt, die reichlich fruchten.

- **Schnurbaum (Cordon)**

Beim Schnurbaum oder Cordon zieht man jeweils einen einzigen Trieb an einer Schnur senkrecht nach oben oder waagerecht an der Wand entlang. Senkrechte Schnurspaliere empfehlen sich, wenn mehrere Sorten nebeneinander an einer Wand wachsen sollen. Obstbäume, Weinreben und Kiwis lassen sich gut als waagerechte oder senkrechte Schnurspaliere ziehen.

- **Schräger Cordon**

Die Stämme bzw. Leitäste der Obstbäume können auch in 45° Neigung an Schnurstöcken (Cordons) geführt werden, was als „schräger Cordon" bezeichnet wird. Dazu werden einjährige Veredelungen, die noch keine Seitenzweige haben, mit einer Neigung in Reihe eingepflanzt und im 45° Winkel angebunden, beim Bouché-Tho-

mas-System so, dass sich die Stämme zweier Pflanzen überkreuzen. Diese Erziehungsform wirkt sich zwar nicht auf den Ertrag aus, erzeugt aber ein interessantes Erscheinungsbild. Durch die Neigung können die Früchte an einem 3 m langen Stamm in 2 m Höhe noch leicht geerntet werden.

- **Bogen**

Weinreben lassen sich vorzüglich als Bogreben ziehen. Dazu dienen die einjährigen Triebe, die im letzten Jahr gewachsen sind. An jedem Weinstock werden nur 2 gesunde, kräftige Triebe erhalten, alle anderen werden weggeschnitten. Die beiden erhaltenen Triebe bringen im kommenden Sommer Früchte hervor. Dazu werden sie beiderseits am Stamm bogenförmig waagerecht gedrückt und angebunden. Aus den Knospen treiben dann kräftige senkrechte Triebe aus, die im Frühsommer blühen und später fruchten. Auf diese Weise lassen sich die sonst starkwüchsigen Weinstöcke sehr kompakt halten.

- **Fächer**

Für die flächige Begrünung einer Hauswand oder einer Pergola ist die Erziehung von Weinreben als Schnurstock oder Fächer besser geeignet als die Form der Bogrebe. Während beim Schnurstock nur ein Leittrieb erhalten bleibt, der zunehmend weiter verlängert wird und seitlich Fruchtholz austreibt, können beim Fächer mehrere Haupttriebe erhalten bleiben. Dadurch breitet sich der Weinstock flächig aus. Die Erziehung als Fächer ist in gleicher Weise auch mit anderen Obstarten möglich.

Diese Formen können grundsätzlich mit allen Ostgehölzen realisiert werden, vor einer Mauer ebenso wie an einer Pergola oder einem freistehenden Spalier.

10

4.10: Freier Fächer aus Weinreben am Holzspalier

11

4.11: Fächerförmiger Birnenspalier vor einer Gartenmauer

12

4.12: Freistehendes Spalier, mit einer Weinrebe bewachsen

4.13
Die starkwüchsigen Weinreben eignen sich gut zur Begrünung, wobei sie in Form von Schnurstöcken gezogen werden. Diese 'Müller-Thurgau'-Reben liegen auf Spanndrähten einer Pergola auf.

4.14
Schmiedeeiserne Pergolen sind aufwändige Konstruktionen. Auf diesen Rundbögen ranken Amerikaner Reben.

Freistehendes Spalier

Ein Spalier muss nicht unbedingt an eine Wand gebunden sein. Man kann es auch frei aufbauen. Die Pflanzen werden dann an ein Holz- oder Drahtgerüst geheftet. Das kann wie an der Wand vielfältige Formen haben, so dass Fächer, Palmette, Cordon oder andere Spalierformen möglich sind.

Pergola

Auf oder an einer Pergola werden die Obstgehölze wie Schnurstöcke zunächst senkrecht nach oben gelenkt und dann wie Bogreben oder wie ein Fächerspalier gezogen. Ebenso sind Formen wie Palmetten möglich, wenn die Verzweigung bereits in Bodennähe einsetzt. Auch Weinreben an einer Pergola sollten bereits in Bodennähe mit Fruchtholz ausgestattet sein. Dazu werden sie durch einen frühzeitigen starken Rückschnitt von klein an zur Entwicklung von Seitentrieben angeregt. Die Seitentriebe werden auf Zapfen geschnitten. Ein Haupttrieb, der den Schnurstock bildet, verholzt mit den Jahren und entwickelt sich zu einem Stamm.

Laube

Um eine Pflanzenlaube zu schaffen, ist ein Gerüst hilfreich – vorzugsweise ein stabiles Metallgestell. Zur Begrünung eignen sich Kiwis oder Weinreben, die formlos wachsen dürfen. Sie bilden mit den Jahren ein dichtes Blattwerk.

Obsthecke

Bei einer Hecke aus Spindelbuschbäumen ist ein strenger Schnitt zum Spalier nicht zwingend notwendig. Es ist sowohl eine Erziehung zu Palmetten möglich, bei denen die Äste an Spannseilen angeheftet werden, als der Schnitt in Form von Buschbäumen (wie in der Obstplantage), die in einer dichten Reihe stehen.

4.15
An diesem reichhaltigen Obstspalier an einer Gartengrenze reifen Trauben, Birnen, Asienbirnen, Äpfel und Himbeeren.

Die Entscheidung für eine bestimmte Spalierform wird sich meist nach dem Gebäude richten, das begrünt werden soll, bzw. nach dem Platz, der zur Verfügung steht. Eine Hausfassade mit mehreren Fenstern bietet sich für senkrechte Schnurstöcke oder für ein Spalier in U-Form an. Eine fensterlose Wand lässt sich auch mit Palmetten begrünen.
Die Spalierform richtet sich auch nach den persönlichen Vorstellungen. Aufwändige Konstruktionen machen mehr Arbeit und erfordern erhöhte handwerkliche Fertigkeiten und Werkzeuge. Für eine Pergola aus Metall etwa sind Werkzeuge wie Bandsäge, Schraubstock, Schweißgerät etc. nötig und einige Erfahrung mit Metallarbeiten. Einfacher ist die Holzbearbeitung. Allerdings kann die Anfertigung von besonderen Spalieren auch bei einer Fachfirma nach Vorlage einer Skizze in Auftrag gegeben werden, das gilt sowohl für Metallkonstruktionen, als auch für solche aus Holz.
Dagegen ist der Zuschnitt von Holzlatten und deren Befestigung an einer Hauswand mit gebräuchlichen Werkzeugen, die in jedem Haushalt vorhanden sind, und durchschnittlichem Heimwerker-Geschick machbar.
Form und Material eines Spaliers hängen auch von der Obst-Art ab. Für eine Weinrebe oder einen Apfelbaum, als einfacher Schnurstock gezogen, genügt ein senkrechtes Spannseil oder eine Holzlatte. Für eine Palmette sind dagegen mehrere waagerechte Seile oder Latten nötig. Die Form des Spalierbaumes muss jedoch nicht zwingend mit der des Stützgerüstes übereinstimmen. Ein waagerechtes und senkrechtes Raster, wie es beispielsweise Baustahlmatten bieten, kann sehr vielseitig zum Anheften und als Kletterhilfe dienen, wobei sich die Zweige in beliebige Formen bringen lassen.

4.16
Die Bayernkiwi hat diese Sichtschutzwand vollständig überwuchert. Dieser Schlinger benötigt eine entsprechend tragfähige Kletterhilfe und Unterkonstruktion.

Spaliere je nach Obst-Art

Wer eine Wand – z.B. eine Hausfassade oder Gartenmauer – mit einem Obstspalier begrünen möchte, steht vor der Aufgabe, einen passenden Baum für diese Wand auszuwählen. Bei Obstbäumen sollte die Größe bzw. Wüchsigkeit des Baumes zur Größe der Wand passen. Diese wiederum wird durch die Wurzel-Unterlage bestimmt, auf der er veredelt ist; für eine große Hausfassade ist daher ein Baum mit einer starkwachsenden Unterlage zu wählen, für eine niedrige Gartenmauer ein Baum einer schwachwüchsigen Unterlage. Während für eine haushohe Palmette nur starkwüchsige Apfel- oder Birnbäume geeignet sind, kommt für eine kleine Gartenmauer eher ein Spindelbusch in Frage.
Die Obst-Auswahl richtet sich neben der Größe der zu begrünenden Wandfläche auch nach der Lage. Für eine große südseitige Wand eignen sich Birnbäume und Weinstöcke besser als Apfelbäume, weil sie hitzeverträglicher sind. Pfirsich- und Aprikosenbäume bevorzugen warme Lagen und werden nicht allzu groß, sie sind also an kleineren südseitigen Wänden gut aufgehoben, ebenso ein Weinstock, der sich beliebig ziehen lässt.
Auch wenn die Wand bei der Auswahl nicht im Mittelpunkt steht, sondern die gewünschte Obst-Art, sind die verfügbare Wandfläche und deren Lage zu berücksichtigen. Wer

17

z.B. Weinreben erfolgreich kultivieren möchte, wird dafür vorzugsweise eine vollsonnige Südwand wählen. Apfel-Spaliere gedeihen dagegen besser an den meist feuchteren westorientierten Wänden, wo die Temperaturen ausgeglichener sind.
Das Ernteergebnis wird obendrein natürlich von der Sortenwahl beeinflusst. So gibt es bei allen Obst-Arten mehr oder weniger genügsame Sorten und eben auch anspruchsvolle. Je nach regionalem Klima und Standort im Garten sollten solche Sorten gewählt werden, die sich aufgrund der Erfahrungen am besten dafür eignen. Mittlerweile haben die Züchter eine Reihe guter Sorten für alle möglichen Standorte gekreuzt, so dass selbst in Gegenden mit rauem Klima und auch an weniger günstigen Plätzen erfolgreich Obst kultiviert werden kann. Bei der Auswahl sind aber nicht nur werbende Hinweise wie „mehltauresistent", „ertragssicher", „frosthart" zu beachten, sondern ebenso die einschränkenden wie „nur für warme Lagen", „windempfindlich", „schorfanfällig" u.ä.
Die Eigenschaften der einzelnen Obst-Sorten sind in der Regel in den Katalogen der Baumschulen oder in den Beschreibungen der Versand-Gärtnereien angegeben. So wird etwa bei der guten alten Apfelsorte 'Goldparmäne" darauf hingewiesen, dass sie anfällig für Stippe und Fleischbräune sowie für Obstbaumkrebs und Blutläuse ist. Wer dann doch lieber eine robuste Sorte haben möchte, sollte also besser auf andere bewährte Sorten oder auch auf neue Züchtungen ausweichen. Es ist aber auch zutreffend, dass die Ostgehölze am Spalier durchweg günstige Wachstumsbedingungen vorfinden, so dass auch empfindliche Sorten für Krankheiten und Schädlinge weniger anfällig sind als bei freiem Wuchs.

18

4.17
Für die Erziehung eines tellerförmigen Spaliers ist ein Gerüst aus Bambus- oder Holzstäben nötig. Der Maulbeerbaum bildet in dieser Form ein dichtes Laubdach.

4.18
In Schauanlagen und Sichtungsgärten sind gelegentlich ungewöhnliche Spaliere zu finden, hier auf der Internationalen Gartenschau in Hamburg. Mit diesen großen, in Kastenform gezogenen Birnenspalieren können auch große Fassadenflächen begrünt und gestaltet werden. Sie erfordern in dieser Größe aber professionelles Gerät für die Pflege bzw. den Schnitt.

4.19 (Seite 61)
Birnenspalier an einem traditionellen Bauernhaus.

4.20 (Seite 62)
Das Spalier an Goethes Sommerhaus in Weimar wurde bei der Renovierung des Hauses originalgetreu erneuert.

19

20

5 Stütz-Konstruktionen und Kletterhilfen

Einige Kletterpflanzen brauchen keine Kletterhilfe. Sie entwickeln Haftwurzeln und finden damit selbst an glatten Wänden Halt, so z.B. Efeu oder selbstklimmender (wilder) Wein. Kletternde Obstgehölze wie Weinreben und Kiwis sind dagegen stets auf Klettergerüste angewiesen, da sie sich nicht ohne Hilfe an Wänden festhalten können. Diese Kletterpflanzen brauchen Spaliere oder Rankhilfen, die sie umschlingen oder mit ihren Ranken ergreifen können. In den folgenden Baubeispielen wird der praktische Bau verschiedener Spaliere und Rankhilfen beschrieben.
Eine einfache und sehr vielseitige Rankhilfe lässt sich z.B. aus Baustahlmatten herstellen. Deren senkrechte und waagerechte Stäbe geben den Trieben den nötigen Halt und sind – am besten in verzinkter Ausführung – sehr stabil und tragfähig.

5.0: Weinranke am Spannseil

Baubeispiel 1: Spalier aus Baustahlmatten

Baustahlmatten dienen normalerweise zur Bewehrung von Betondecken; sie bestehen aus Stahlstangen, die zu Gittern verschweißt sind. Die Matten sind in Normgrößen (z.B. 2,15 m x 5,00 m) und in verschiedenen Stärken erhältlich. Sie lassen sich mit einem Bolzenschneider durch Auftrennen der Stäbe in beliebig große Stücke zerteilen.
Die Maße für die gewünschten Spaliere ergeben sich aus der Situation an der Hauswand. Für kleine Spaliere genügen schmale Streifen von ca. 1 m Breite und 2 - 3 m Höhe, wenn die Begrünung einer Hauswand mit Schnurstöcken, beispielsweise zwischen zwei Fenstern, vorgesehen ist. Andere Erziehungsformen erfordern ggf. Matten in einem anderen Format. Um z.B. eine freie Wand mit Weinreben oder Kiwis zu begrünen, wird man u.U. eine ganze Baustahlmatte (ggf. in mehreren Teilen) oder größere Abschnitte davon vor der Wand befestigen.

Luftiger Stand fördert Vitalität

Die Baustahlmatten lassen sich mit Hilfe von Dübeln und Ringschrauben in geringem Abstand vor der Wand verankern. Dadurch haben die Kletterpflanzen einen luftigen Stand und

5.1.1
Zum Durchtrennen der Baustahlstäbe ist ein Bolzenschneider ideal. Mit diesem Werkzeug lassen sich auch dicke Stäbe mit geringem Kraftaufwand schneiden. Manchmal ist dieses Werkzeug leihweise im Baustoffhandel zu bekommen.

5.1.2
Aus einer handelsüblichen Baustahlmatte können eine ganze Reihe schmaler Spaliere geschnitten werden, die für etliche Obstbäume oder Kletterpflanzen stabile Stützen bieten.

1

2

3

4

5.1.3: Damit die messerscharfen Kanten keine Schäden am Fahrzeug verursachen, sollten die Spaliere auf alte Decken gelegt oder per PKW-Anhänger transportiert werden.

5.1.4: Nach der Feuerverzinkung sind die Stahlmatten rostfrei und wetterfest. Möglich, aber umständlicher ist ein Schutzanstrich mit einer Metallfarbe.

5.1.5: Die Ringschrauben sollten ausreichend lang sein (z.B. 10 -12 cm), damit das Spalier nach dem Einhängen einen luftigen Abstand zur Hauswand hat.

gute Wachstumsbedingungen. Wenn sie dazu noch im Regenschatten unter einem Dachvorsprung wachsen, bleiben die Blätter weitgehend trocken. Das fördert die Gesunderhaltung der Pflanzen, weil die Vermehrung von Pilzsporen durch die Trockenheit verhindert wird.

5.1.6:
Vor dem Bohren werden alle Bohrstellen ausgemessen und angezeichnet.

5.1.7:
Für diese schmalen Spaliere genügen sechs Halterungen. Für größere Baustahlmatten sind entprechend mehr Bohrungen und Ringschrauben nötig.

Rost oder Rostschutz

Obwohl sie optisch recht leicht wirken, sind die stabilen Stahlgewebe sehr tragfähig – in der Handhabung allerdings auch etwas sperrig. Es genügen wenige Befestigungselemente an der Wand, zumal die Matten, anders als beispielsweise Spannseile, selbst stabil und starr sind. Wenn der Rost nicht stört, ist eine Behandlung mit einem Schutzanstrich nicht nötig. Der rötliche Überzug durch Oxidation bietet sogar einen Schutz für das Stahlgewebe und kann in Kombination mit grünen Blättern auch dekorativ aussehen.
Wer den Rost nicht mag, sollte die fertig zugeschnittenen Spaliere am be-

5

6

7

5.1.8:
Das Eindrehen der Ringschrauben gelingt mit einem Schraubenzieher oder einem anderen Gegenstand, der als Hebel dient. Sie müssen alle gleich tief in der Wand sitzen.

5.1.9:
Die Ringschrauben sollten eine Öffnung haben, keine geschlossenen Ösen. Hier ist die scharfe Schnittkante an einer Baustahlstange zu sehen. Solche Kanten sollten vor dem Verzinken mit einem Winkelschleifer entgratet werden.

5.1.10
Das Besondere an dieser Befestigungsmethode ist, dass sich die leichten, aber stabilen Spaliere bei Bedarf wieder abhängen lassen, etwa wenn ein neuer Hausanstrich fällig wird. Das ist allerdings nur bei Weinreben oder anderen Kletterpflanzen mit elastischen Trieben möglich.

sten in einer Verzinkerei feuerverzinken lassen. Die Kosten für den silbrigen Überzug richten sich nach dem Gewicht. Pro Kilogramm Metall ist mit Kosten von ca. 2 € zu rechnen. Baustahlmatten mit dünnen Stäben lassen sich daher preiswerter verzinken als schwere Matten. Genaue Preisangaben teilt die Verzinkerei bzw. der örtliche Schlossereibetrieb, der solche Aufträge auch entgegen nimmt, auf Anfrage mit, ebenso die Termine für die Behandlung. Adressen finden sich im Branchentelefonbuch oder im Internet. In der Regel ist mit einer Wartezeit von etwa 14 Tagen zu rechnen, je nach Auslastung der Verzinkerei.

Ringschrauben und Dübel

Die Kletterhilfen benötigen ausreichend stabile Halterungen. Das Befestigungsmaterial für die Spaliere ist in Metallwarenhandlungen oder in gut sortierten Baumärkten erhältlich. Bewährt haben sich Ringschrauben, die es in verschiedenen Größen mit den dazu passenden Dübeln (8 oder 10 mm ø) gibt. Nach dem Einsetzen der Dübel und Eindrehen der Ringschrauben in die Wand lassen sich die Spalie-

5.1.11
Das Ausmessen und Einrichten der Bohrstellen erfolgt mit der Wasserwaage. Die Höhe richtet sich nach der gewählten Spalierobst-Pflanze.

5.1.12
Die Metallgitter wirken anders als Lattenroste leicht und unauffällig und sind dabei tragfähig und preisgünstig.

5.1.13
Hier werden mehrere Spaliere für verschiedene Pflanzen an der Hauswand verteilt. Sie eignen sich sowohl für Obst, wie auch für Zierpflanzen.

5.1.14
Die Befestigung ist auch in waagerechter Ausrichtung möglich. Für diese Spaliere sind eine Kletterrose und eine Weinrebe vorgesehen.

re gleich einhängen und sitzen sofort sicher fest. Wenn ein neuer Anstrich der Wand fällig ist, kann man die Spaliere ggf. auch wieder aushängen, sofern die Begrünung noch nicht zu weit fortgeschritten ist. Wenn die Triebe der Kletterpflanzen erst einmal verholzt sind, ist es dafür zu spät.

Vorsicht vor scharfen Kanten!
Die Schnittstellen, die beim Auftrennen der Matten mit dem Bolzenschneider entstehen, sind messerscharf. Sie sollten deshalb mit einem Winkelschleifer entgratet werden. Sollen kleinere Stahlmattenabschnitte im PKW transportiert werden, empfiehlt es sich, die Teile z.B. in eine alte Decke zu hüllen, um Beschädigungen am oder im Fahrzeug zu vermeiden. Mit einem Anhänger erspart man sich diese Schutzmaßnahme.

5.1.15
Der Rückschnitt erfolgt jeweils im Spätwinter. Es bleiben nur zwei ausgewählte Triebe erhalten, die dann bogenförmig nach unten gedrückt werden.

5.1.16
Die jungen Triebe dieses als Bogrebe gezogenen Weinstocks erreichen im Sommer das Spalier und bekommen dann den nötigen Halt.

Baubeispiel 2: Spalier aus Holzlatten

Für ein einfaches Holzspalier genügen ein paar Latten. Das können auch Dachlatten (42 x 28 mm) sein, die jedoch gehobelt sein sollten. Andernfalls trocknet das sägeraue Holz nach Regen nur langsam ab und wird schon nach wenigen Jahren morsch. Die Form des Holzgerüsts kann bereits die Erziehungsform des Spalierbaumes vorgeben.

5.2.1
Von den Latten, und zwar einer senkrechten Mittelstrebe und mehreren Querstreben, wurden hier kleine 5 cm lange Klötze abgesägt, die als Abstandshalter dienen.

5.2.2
Nach dem Festschrauben der senkrechten Strebe, werden die Befestigungsstellen für die Querstreben ausgemessen und markiert. Hier sind 4 waagerechte, jeweils 1 m breite Streben im Abstand von 40 cm vorgesehen.

5.2.3
Die Bohrungen im Holz werden nahe an den Lattenenden gesetzt. Die Abstandshalter sollen hier ganz außen sitzen. Es sind aber auch andere Positionen möglich.

5.2.4
Nach dem Durchbohren der Abstandshölzchen, dem Bohren des Dübelloches in der Wand und dem Einsetzen der Dübel können die Querstreben festgeschraubt werden.

5.2.5
Mit Hilfe der Wasserwaage werden die Querstreben exakt waagerecht ausgerichtet. Zum Ausrichten ebenso geeignet wäre ein rechter Winkel, der an der senkrechten Strebe angelegt wird.

5.2.6
Am fertigen Holzgerüst zeichnet sich schon jetzt die künftige Form des Spalierbaumes ab. Es soll eine Palmette entstehen.

7

8

5.2.7
Zum Ausheben der Pflanzgrube muss der Drainagekies entfernt und die Dämmung freigelegt werden. Beim Ausheben sind Beschädigungen des Grundmauerschutzes zu vermeiden.

5.2.8
Der junge Birnbaum ist bereits gut angewachsen. Es wird jedoch mehrere Jahre dauern, bis er das Spalier ausfüllt.

5.2.9
Im Handel sind auch fertige Spaliere und Bausätze erhältlich, die nur angebracht werden müssen. Ein leichtes Holzspalier eignet sich z.B. für eine Weinrebe, die als Schnurstock gezogen wird.

5.2.10
Nach dem Bohren können die Dübel gesetzt werden. Die Befestigung erfolgt an eingedrehten Mauerhaken.

5.2.11
Den nötigen Halt geben verzinkte Drahtstücke, mit denen die Holzstreben an den Haken festgedrillt werden.

5.2.12
Nach dem Abkneifen der Drähte kann die ausgewählte Pflanze an die Wand gesetzt werden. Im Regenschatten unter einem Dachvorsprung wird das naturbelassene Holzspalier viele Jahre halten.

9

10

11

12

Baubeispiel 3: Bau eines freistehenden Spaliers

Für den Bau von freistehenden Spalieren müssen zunächst Punktfundamente geschaffen werden. Die im folgenden gezeigten Methoden eignen sich auch, um die Fundamente für eine Pergola herzustellen.

Fundamente

Für Punktfundamente haben sich Betonrohre bewährt, die es in verschiedenen Größen im Baustoffhandel gibt. Sie lassen sich in den Boden einsenken, mit frischem Beton füllen und dienen als tragfeste und verrottungssichere Punktfundamente für Spaliere, Sichtschutzwände oder Pergolen. Die schmalen, langen Rohre (z.B. mit 20 cm Durchmesser und 100 cm Länge) ersparen viel Beton und gründen dennoch in frostsicherer Tiefe. Damit die Holzbauteile luftig stehen, können Pfostenanker aus Metall in den noch frischen Beton eingesetzt werden.
Statt der Betonrohre können auch Abwasserrohre (KG-Rohre) als verlorene Schalung zweckentfremdet und mit Beton gefüllt werden.
Zum Graben der Löcher für die Punktfundamente ist ein „Handbagger" (Abb. 5.3.1) ideal. Mit diesen Doppelspaten lassen sich mit wenigen Handgriffen schmale tiefe Löcher ausheben. Das erspart eine Menge Beton, wenn die Punktfundamente ohne Schalung mit Beton ausgegossen werden. Es erleichtert aber auch das Einsenken von Betonrohren, die als Schalung für den Beton dienen. Die Rohre sitzen in den schmalen Löchern gut fest und kippen nicht um – anders als in breiten trichterförmigen Löchern, die mit einer Schaufel ausgehoben werden.
Wenn für viele Pfosten eine Reihe von Punktfundamenten nötig ist – z.B. für einen Zaun, der als Spalier dienen soll – lohnt es sich, einen Kleinbagger mit Bohrvorsatz zu mieten oder eine Firma mit dem Bohren der Löcher zu beauftragen. So ein Spezialgerät schafft,

1

2

5.3.1
Bei dem „Handbagger" sind zwei Spaten mit einem Gelenk verbunden.

5.3.2
Mit diesem Werkzeug lassen sich mit wenigen Handgriffen relativ schmale tiefe Löcher graben.

5.3.3
Der Kauf lohnt sich, wenn viele Löcher – z.B. für eine Reihe von Punktfundamenten für ein langes Spalier oder einen Sichtschutzzaun – nötig sind.

5.3.4
Nach dem Ausheben der Erde und dem Einfüllen von Beton können die Pfosten gesetzt werden.

3

4

5.3.5: Ein Minibagger mit Bohrvorsatz erledigt das Bohren ohne Krafteinsatz...

5.3.6: ...und erzeugt dabei besonders schmale tiefe Löcher.

5.3.7: Als Schalung für den Beton eignen sich schmale Schachtringe. Die Pfostenanker werden in den frischen Beton gesteckt.

5.3.8: Verschiedene Pfostenanker aus verzinktem Stahl...

5.3.9: Schraubfundamente lassen sich ohne Beton fest in den Boden eindrehen.

wenn die Pflanzplätze mit dem Gerät erreichbar sind, eine Reihe in kurzer Zeit, so dass die (Lohn-)Kosten recht günstig sind (ca. 60 € pro Stunde).

Schraubfundamente

Beton hat sich als dauerhafter tragfähiger Baustoff für Fundamente bewährt. Ein massiver Unterbau ist aber nicht immer zwingend nötig. Ebenso beständig und tragfähig sind Schraubfundamente aus verzinktem Stahlblech. Diese rohrförmigen Bodenanker mit Gewinde lassen sich mit einem

5.3.10: Zum Einschrauben eignet sich z.B. eine Stahlstange oder ein Werkzeugstiel.

5.3.11: Damit alle Schraubfundamente gleich hoch im Boden sitzen, werden sie mit einer Richtlatte ausgerichtet.

5.3.12: Zu beachten ist, dass die Holzpfosten luftig über dem Erdboden stehen. Das begünstigt die Haltbarkeit.

Hebel in den Boden eindrehen und sitzen dann unverrückbar fest. Günstig sind Lehmböden, sandiger Lehm, lehmiger Sand, Kies oder Humusboden. Auf felsigem oder sehr steinigem Gelände lassen sich die Fundamente nicht bis zur nötigen Tiefe eindrehen oder sie driften ab. Der Hersteller weist darauf hin, dass mit speziellen Eindrehhilfen jeder Boden geeignet ist. Das Einschrauben der Fundamente kann auch in Auftrag gegeben werden. Adressen von ausführenden Firmen sowie von Anbietern der Schraubfundamente sind im Internet zu finden.

Beim Eigenbau im Garten eignet sich ein Kantholz, eine Stahlstange oder eine spezielle Eindrehhilfe, die vom Hersteller zu bekommen ist. Im professionellen Gartenbau kommen maschinelle Eindrehhilfen zum Einsatz. Es gibt Anbaugeräte für Minibagger oder auch Handeindrehmaschinen, die mit Elektromotor arbeiten. Solche Geräte machen eine exakt senkrechte Einschraubung möglich. Mit etwas Übung und einer Wasserwaage gelingt das Einschrauben aber auch mit einfachen Hilfsmitteln. Beim Einschrauben mit einer Metallstange ist darauf zu achten, dass der Zinkmantel unbeschädigt bleibt. Abgescheuerte Stellen müssen mit einem Rostschutzmittel nachbehandelt werden.

Schraubfundamente ersparen das Graben von Löchern, die Anschaffung von Beton- oder KG-Rohren als Schalung und das Herstellen von Beton. Außerdem ist damit auch ein problemloser und rückstandsfreier Rückbau möglich, z.B. wenn ein Spalier im Zuge einer Hausmodernisierung einem Anbau weichen muss. Schraubfundamente gibt es in verschiedenen Größen und Ausführungen. Für einen standfesten Einbau sind 80 cm tiefe, frostsicher gründende Fundamente erforderlich.

Bau des Obstspaliers

Im Beispiel-Garten sollte die kahle Hauswand der Nachbarn mit Pflanzen verdeckt werden. Das Haus steht direkt an der Grenze, so dass eine gemeinschaftliche Grenzbepflanzung nicht möglich war. Eine Wandbegrünung mit Kletterpflanzen war nicht erwünscht. Eine Hecke hätte zu viel Platz in dem ohnehin schmalen Gartenteil eingenommen. Deshalb entschieden sich die Besitzer für ein

5.3.13: Damit das Holz auch im Pfostenanker luftig steht, werden kleine Holzkeile untergelegt.

5.3.14: Das Einschrauben der Fundamente in den Boden kann statt mit einem Werkzeug mit einem Pfosten erfolgen.

5.3.15: Die Höhe wird mit einer Schnur und der Wasserwaage eingerichtet. Zur Grenze ist ein Mindestabstand von 50 cm einzuhalten.

freistehendes Obstspalier. Für solche Spaliere sind Schraubfundamente ideal. Sie ersparen das Betonieren von Punktfundamenten und sind dennoch tragfähig, standsicher und verrottungsfest gleichermaßen.

5.3.16
Für die Befestigung mit einer Schlossschraube muss die Stütze durchbohrt werden.

5.3.17
Bereits beim Eindrehen der Schraubfundamente ist darauf zu achten, dass sie exakt senkrecht sitzen. Danach sind nur noch geringe Korrekturen möglich.

5.3.18
Eine Schlossschraube gibt der Stütze die nötige Standfestigkeit.

5.3.19
Die Holzschrauben sichern zusätzlich. Besonders bei hohen Stützen ist eine gute Verankerung notwendig.

5.3.20
Für das mittlere Segment ist eine Waldrebe vorgesehen; für sie wird eine Kletterhilfe aus Lärchenholzlatten geschaffen, die gleichzeitig einen gewissen Sichtschutz bietet.

5.3.21
Die Abstände zwischen den Latten richten sich nach der Art der Begrünung. Für einen Spalierobstbaum werden größere Zwischenräume gewählt.

5.3.22
Zum Einführen der Spannseile sind Bohrungen in den Stützen nötig. Zu empfehlen sind Seile aus Edelstahl, da sie keine Rostspuren hinterlassen.

5.3.23
Die Seile werden zunächst nur leicht mit den Klemmschrauben fixiert. Das Spannen erfolgt erst, wenn alle Seile eingeführt sind.

5.3.24
Die Abstände richten sich wiederum nach der gewählten Spalierobst-Pflanze. Für Weinreben, Birnen- oder Apfelspaliere ist ein Abstand von ca. 20 - 25 cm günstig.

5.3.25
Mit den Klemmschrauben lassen sich die Seile nachspannen. Damit kann jedes einzelne Seil gut gestrafft werden.

5.3.26
An der hinteren Stütze können die Seilspanner bereits festgezogen werden. Vorne muss noch nachgespannt werden.

5.3.27
Unterlegscheiben schützen das Holz vor Beschädigungen. Die Stützen tragen oben Metallkappen zum Schutz des Hirnholzes.

5.3.28
Der gewählte Spalier-Apfelbaum hat einen senkrechten Mittelleittrieb und zwei waagerechte Seitenzweige. Die Pflanzung von Obst im Container ist auch im Sommer möglich.

5.3.29
Durch das Heften der Zweige nimmt die Palmette bereits jetzt die gewünschte Form an.

30

31

32

5.3.30
Die Veredelungsstelle muss über dem Boden liegen. Auf dem Etikett sind u.a. Sorte und Wurzel-Unterlage angegeben.

5.3.31
Der Ausbau geht weiter mit dem Einrichten der vordersten Stütze.

5.3.32
Mittlerweile sind die Weinrebe, der Birnbaum und der Apfelbaum gut angewachsen. Zudem gedeihen Erdbeeren und Sommerblumen im Beet.

5.3.33
Zwei Jahre später hat sich der Apfelbaum weiter verzweigt und die unteren Zweige haben kurzes Fruchtholz entwickelt.

33

34

5.3.34
Wieder zwei Jahre später hat der Apfelbaum stark ausgetrieben. Im Winter ist der Schnitt fällig. Das Astgerüst muss geordnet werden.

5.3.35
Nach dem Einkürzen der brauchbaren Jahrestriebe jeweils über Außenaugen und dem Ausschneiden unbrauchbarer Triebe kann sich der Spalierbaum weiter entwickeln.

5.3.36
Weitere zwei Jahre später hat der Apfelbaum durch die konsequente Erziehung schon eine typische Spalierform erreicht. Ende April entfalten sich die Blüten.

5.3.37
Das Spannen der Seile war erst möglich, nachdem oben steife Querstreben (verzinkte Stahlstangen) eingebaut wurden. Durch die Zugkraft der acht Seile gaben die Stützen vorher nach.

5.3.38
Der Birnbaum auf Quitten-Unterlage ist sehr schwachwachsend. Er setzt aber schon früh viel Fruchtholz an.

5.3.39
Nach der Blüte und dem Austrieb im Frühjahr haben sich bereits kleine Fruchtansätze gebildet. Die Triebe müssen im Sommer an das Spalier geheftet werden.

35

36

37

38

39

5.3.40
Die helle Wand bildet einen idealen Hintergrund für das Spalier-Obst, die zudem Sonnenwärme speichert und abgibt. Das kommt den Weinreben und dem Birnbaum sehr zugute.

5.3.41
Durch die schmale Spalier-Erziehung geht im Garten kaum Platz verloren, so dass viel nutzbarer Raum für andere Pflanzen und Freizeitaktivitäten bleibt.

Baubeispiel 4: Pergola für Weinrebe

Eine Pergola ist eine nützliche Garteneinrichtung. Sie kostet wenig und bringt viel, und zwar als Wohnzimmer im Grünen, als Nistplatz für Vögel, als Unterschlupf für Insekten und als Rankgerüst für Kletterpflanzen. Vor der Entscheidung für einen bestimmten Baustoff lohnt es sich, verschiedene Pergolen anzuschauen, um einen Überblick über die Ausführungsmöglichkeiten zu bekommen. Baubeispiele finden sich in öffentlichen Anlagen, in benachbarten Gärten oder auf Gartenschauen. Neben Konstruktionen aus einem Baustoff wie Holz oder Metall sind auch Kombinationen dieser Materialien möglich. So können Steinsäulen als Pfosten dienen, während Holzbalken die Sparren bilden. Naturstein oder Beton ist allgemein ausdauernder als Holz, ebenso sind es aus Ziegeln gemauerte Säulen. Holz ist jedoch leichter und preiswerter zu beschaffen und lässt sich ohne Schwierigkeiten mit einfachen Werkzeugen bearbeiten. Der Baustoff Stahl ermöglicht sehr elegante Bauten. Dafür sind allerdings Fertigkeiten im Umgang mit diesem harten Werkstoff erforderlich. Im Fachhandel werden vereinzelt Bausätze aus Metall angeboten, deren Fertigteile sich im Selbstbau zusammenfügen lassen.
Die Entscheidung für den einen oder anderen Baustoff richtet sich aber nicht nur nach den Kosten und den Bearbeitungsmöglichkeiten. Die Pergola muss auch zum Haus und zum Garten passen. So kann eine massive Steinkonstruktion viel zu wuchtig wirken oder ein rustikaler Holzbau zu klobig sein. Allerdings verschwinden die Bauteile mit der Zeit unter der Pflanzendecke. So lohnt sich die Anfertigung einer exklusiven Pergola aus Schmiedeeisen z.B. kaum, wenn sie einer starkwüchsigen Kiwi Halt bieten soll.

5.4.1 Diese ungewöhnliche Pergola aus Stahl, geschälten Baumstämmen und Betonsichtschutzwänden wurde für eine Landesgartenschau gebaut. Im Hausgarten passen einfachere Konstruktionen auch sehr gut.

5.4.2: Die Bauteile für eine Pergola mit Zapf-Verbindungen wurden vom Zimmermann vorgefertigt und zur Baustelle transportiert.

5.4.3: Die Punktfundamente sind bereits vorbereitet. Diese Pfostenanker können nachträglich aufgeschraubt werden.

5.4.4: Zum Montieren eignen sich spezielle Maueranker, die nicht geschraubt, sondern eingeschlagen werden.

5.4.5: Der Zimmermann bereitet die Bauteile vor und prüft, ob das Fundament „im Wasser" ist.

6

7

8

9

10

11

5.4.6 bis 5.4.8
Zapfen-Verbindungen sind sehr stabil und unsichtbar, Metallbeschläge sind nicht erforderlich. Ihre Herstellung ist jedoch ohne Fachkenntnisse und Übung nicht möglich.

5.4.9
Zum Aussteifen der Pergola werden Eckstreben (Kopfbänder) eingesetzt. Die Verbindung erfolgt ebenfalls mit Zapfenverbindungen.

5.4.10
Sobald die vordere Stützkonstruktion zusammengebaut ist, kann sie aufgerichtet werden.

5.4.11
Vorerst halten Stützbretter das Bauteil fest. Durch leichtes Verrücken lässt sich die Konstruktion gerade ausrichten.

5.4.12
Nach dem Ausrichten der vorderen Stützkonstruktion können die Pfosten an den Fundamenten festgeschraubt werden.

12

Eigenbau aus Holz

Der Baustoff Holz lässt sich einfach bearbeiten und passt normalerweise an jedes Wohngebäude. Natürlich kann eine Holzpergola auch frei aufgestellt werden und abseits vom Haus als Laube für einen Freisitz dienen.
Mit vereinten Kräften kommt in wenigen Stunden ein ansehnliches Gebäude zustande.
Leimholzbalken sind teurer als massive Holzbalken. Sie machen sich aber bezahlt, denn sie behalten ihre Form und verziehen sich nicht. Das erleichtert den Zuschnitt und Zusammenbau wesentlich. Bodenhülsen (Pfostenanker) geben den freistehenden Pfosten die nötige Standfestigkeit. Die Abmessungen der Pergola werden passend zum Standort festgelegt.
Dabei lohnt es sich, handelsübliche Holzmaße zu wählen, um den Verschnitt gering zu halten. Erkundigen Sie sich also frühzeitig beim Holzhandel nach den verfügbaren Abmessungen. In Zimmereien und im Holzhandel wird mit einem Holzpreis pro Kubikmeter gerechnet. Das Leimholz für eine kleine Pergola mit ca. 4 x 4 m Grundfläche kostet ca. 500 €, hinzu kommen noch die Kosten für die Befestigungselemente.
Beim Anbau müssen vorhandene Türen und Fenster, sowie Dachrinnen und andere Gegebenheiten beachtet werden. Ein Bauplan in Form einer Skizze mit den wichtigsten Maßen und ggf. Anschlüssen ist sowohl zum

Erstellen der Einkaufsliste als auch später beim Bau hilfreich.
Zu beachten ist, dass beim Bau einer Pergola ausreichende Grenzabstände eingehalten werden müssen.

Blätter, Blüten und Früchte

Zur Gestaltung des Freisitzes tragen neben den Bauelementen ganz wesentlich die Pflanzen bei. Mit ihnen kann gezielt ein Sichtschutz geschaffen werden, wenn die Pergola z.B. nahe an der Grundstücksgrenze steht. Zum Abschirmen eignen sich auch vorgefertigte Holzelemente, die zwischen zwei Pergolapfosten montiert werden. Unter Umständen genügen aber auch einige Holzlatten oder Spannschnüre, die schnellwachsenden Kletterpflanzen den nötigen Halt geben. Natürlich lassen sich auch dichte Sichtschutzelemente mit Kletterpflanzen begrünen und freundlicher gestalten.
Pergolen müssen keinen rechteckigen oder quadratischen Grundriss haben. Sie lassen sich auch schmal und langgestreckt wie Zäune bauen. Solche Konstruktionen können speziell als Obstspaliere angelegt werden. Eine vollsonnig stehende Pergola bietet beste Bedingungen für Weinreben. Die fruchtenden Kletterer erklimmen den Aufbau in wenigen Jahren und bilden bald eine dichte Laube, an der reichlich Früchte reifen.

13

14

5.4.13
Die hintere Konstruktion wird aufgerichtet. Jetzt zeigt sich, ob die Maße stimmen und der Unterbau richtig vorbereitet wurde.

5.4.14
Sobald die vier Pfosten mit den beiden aufliegenden Pfetten stehen, können die Sparren montiert werden.

5.4.15
Vollholzbalken sollten gut gelagert und verzugsfrei sein. Bereits beim Kauf im Sägewerk ist darauf zu achten; ggf. herzgetrenntes Konstruktionsvollholz anschaffen!

5.4.16
Die Sparren werden mit Nägeln befestigt, die von oben eingeschlagen werden.

5.4.17
Schließlich werden die Schrauben an den Postenankern richtig fest angezogen.

5.4.18
Für den Sichtschutz und als Kletterhilfe sind hier noch diagonale Streben als Spalier eingefügt. Neben Weinreben dienen auch Ziersträucher zur Begrünung.

15

16

17

18

Baubeispiel 5: Kletterhilfen für Obstpflanzen

Die Art der Kletterhilfen richtet sich nach der Pflanzenart und Wuchsform. So kommen echte Kletterpflanzen wie Weinreben mit Schnüren oder dünnen Stäben zurecht, die sie mit ihren dünnen Ranken leicht umschlingen können. Bewährt haben sich Maschendrahtzäune oder Spaliere aus dünnen Stäben. Dagegen sind Spindelbuschbäume auf Stützen angewiesen, die ihre schwachen Stämmchen vor Windwurf sichern. Neben stabilen Stäben eignen sich auch Stahlseile, die zwischen Pfosten gespannt werden. Kletterhilfen lassen sich in Kombination mit ausgewählten Pflanzen gezielt als Gestaltungselemente nutzen.

So stellen beispielsweise freistehende Spaliere, die mit Weinreben oder Kiwis begrünt werden, attraktive Sichtschutzelemente dar. Auch Gartenzäune bieten sich als Kletterhilfen für Weinreben und Kiwis an, sie können sogar als Stützen für Spalierbäumchen dienen.

Im Handel sind leichte Fertig-Spaliere aus kunststoffummanteltem Draht erhältlich, die sich jedoch eher für einjährige Schlinger eignen als für ausdauernde Obstgehölze. Wenn der dünne Kunststoffmantel erst einmal brüchig geworden ist und abbröselt, rosten sie ziemlich schnell durch.

Tragfähiger sind Rankgerüste aus Baustahlmatten. Diese stabilen Stahlgeflechte lassen sich mit einem Bolzenschneider in beliebig große Stücke schneiden und können für freiste-

5.5.1
Für Spindelbuschbäume oder schlanke Spindeln genügt jeweils ein Baumpfahl. Den nötigen Halt geben Bindungen mit Kokosstrick oder speziellen Bändern.

5.5.2
Weinreben sind Ranker, die sich an Natursteinpfosten nicht halten können. Die jungen Triebe müssen aufgebunden werden.

5.5.3
Stahlspaliere müssen aufwändig gefertigt werden. Neben ausdauernden Obst-Arten können auch einjährige Kürbisse kultiviert werden.

5.5.4
Verzinkte Baustahlmatten können nicht nur als Wandspaliere (siehe Baubeispiel 1), sondern auch für freistehende Spaliere nützlich sein.

5.5.5
Baustahlmatten gibt es in verschiedenen Stärken. Selbst Spaliere aus dünnen Baustahlstäben sind ausreichend tragfähig, wenn sie richtig befestigt werden.

6

7

hende Spaliere an Zaunpfosten befestigt oder mit Ringschrauben vor einer Wand angebracht werden. Die Stahlgitter halten auch ohne Behandlung viele Jahre. Ein Rostschutz durch Verzinken ist empfehlenswert.
Wie in südlichen Regionen, wo Maulbeerbäume gelegentlich als Kletterhilfen für Weinreben dienen, können auch Gartenbäume mit Kletterpflanzen begrünt werden. So ranken Weinreben und Kiwis weit in die Kronen alter Obstbäume, wenn sie in Stammnähe gepflanzt und im Jugendstadium nach oben geleitet werden. Wichtig ist eine reichliche Kompostversorgung bei der Pflanzung, damit die starkwüchsigen Kletterer genügend Nährstoff erhalten und nicht mit der Wirtspflanze konkurrieren.

5.5.6
Verzinkte Wasserleitungsrohre sind stabil und wetterfest. Auch daraus lässt sich ein Traggerüst für Spaliere bauen.

5.5.7
Die gute Bearbeitbarkeit von Holz macht viele Bauformen möglich. Diese Lärchenpfosten wurden oben angespitzt und unten luftig auf Punktfundamente gestellt.

5.5.8
Bei leichten kunststoffummantelten Fertigspalieren versprödet die Ummantelung mit der Zeit und blättert ab. Der dünne Draht rostet dann ziemlich schnell durch.

5.5.9
Blühende Birnbäume am Rundholz-Spalier.

5.5.10
Hier wurden mehrere Sichtschutz-Elemente zwischen Pfosten montiert, die auf Punktfundamenten stehen.

8

9

10

11

12

13

14

15

16

5.5.11:
Die Holzpfosten wurden hier in Punktfundamente einbetoniert. Ein luftiger Stand auf Pfostenankern wäre besser und haltbarer gewesen.

5.5.12:
Die Einschlagbodenhülsen wurden mit einem Vorschlaghammer in den Boden gerammt. Für ein freistehendes Weinspalier bieten sie ausreichende Festigkeit.

5.5.13:
Der Bau solcher Spaliere aus Stahlprofilen mit Geländerfunktion erfordert metallhandwerkliche Erfahrung oder einen Fachhandwerker. Sie bieten aber viel Platz für starkwüchsige Kletterpflanzen.

5.5.14:
Das Sortiment zum Anbringen von Spannseilen: Spannseile aus Edelstahl, Ringschrauben, Seilspanner und weitere Befestigungselemente gibt es in Baumärkten und im Fachhandel.

5.5.15:
Wer einen Kunstschlosser kennt, kann sich auch ein Spalier nach eigenen Vorstellungen schweißen lassen, um ein Stück Kunst in den Garten zu bringen.

5.5.16:
In Gartenmärkten werden neben Jungpflanzen oft bereits vorgezogene Spalierbäume angeboten. Die kosten jedoch erheblich mehr als normale Pflanzen.

5.5.17:
Für Kletterpflanzen eignen sich auch Flechtwerke aus Weiden als Kletterhilfe. Solche Deko-Objekte taugen mehr für einjährige Schlinger wie Gurken oder Bohnen.

5.5.18:
Schwachwüchsige Obstbäumchen lassen sich auch in Pflanzgefäßen erfolgreich kultivieren. Solche Holztröge mit Spalier können leicht selbst gezimmert werden.

5.5.19:
Ist ein hoher Sichtschutz erwünscht, können auch hochstämmige Bäume als Spaliere gezogen werden. Als Erziehungshilfen eignen sich Bambusstäbe und Metallrohre.

Beispiel 6: Eine Obsthecke pflanzen

Bei dieser Gartenneuanlage entschieden sich zwei Nachbarn für eine gemeinsame Grenzgestaltung mit einer Obsthecke, die von beiden Seiten gepflegt und genutzt werden sollte. Die Wahl fiel auf Apfelspindelbusch-Bäumchen verschiedener Sorten. So konnten neun Apfel-Bäumchen mit teilweise verschiedenen Sorten beschafft und gemeinschaftlich eingepflanzt werden.

5.6.1:
Die schon recht großen Containerpflanzen wurden in geringem Abstand von ca. 80 cm in einer Reihe verteilt und eingepflanzt.

5.6.2:
Die Pflanzung von Container-Ware ist bis in den Sommer hinein möglich. Die Bäumchen brauchen keinen Rückschnitt, weil die Wurzeln beim Einpflanzen unbeschädigt bleiben.

5.6.3
Bereits im Frühjahr nach der Pflanzung blühten die Bäumchen recht üppig. Als Standhilfe genügten noch die Bambusstäbe.

5.6.4
Im Sommer wurden die Bambusstäbe durch stabile Baumpfähle ersetzt. Auch ein Spalier aus gespannten Drähten wäre möglich, würde aber den Durchgang zwischen den Grundstücken behindern.

5

6

5.6.5
Im zweiten Jahr nach der Pflanzung reiften die ersten Früchte.

5.6.6
Erste Ernte: Im Sommer konnten die ersten Äpfel gepflückt werden.

5.6.7
Das Düngen mit Kompost kommt der Nährstoff-Versorgung zugute, zumal die schwachwachsenden Typen nicht tief wurzeln.

5.6.8
Jeweils im Spätwinter erhalten die Bäumchen den nötigen Pflegeschnitt. Es genügt, zu lange und abweisende Triebe einzukürzen.

5.6.9
Zudem wird jeweils der Gipfeltrieb zurückgeschnitten, um die Verzweigung anzuregen und einen buschigen Wuchs zu fördern.

7

8

9

6 Pflanzung und (jahreszeitliche) Pflege

Pflanzen von Obstbäumen

Obstgehölze sind im Gartencenter, in der Gärtnerei, beim Pflanzenversand und manchmal auch im Baumarkt erhältlich. Die größte Auswahl, die beste Beratung und gute Sorten bieten aber die Baumschulen, zumal die Gehölze dort auch vermehrt und kultiviert werden. Gute Baumschulen führen Sortimentslisten und Kataloge, die bei der Pflanzenauswahl helfen. Einige verfügen über Schauanlagen, in denen bereits ausgewachsene Bäume und Sträucher zu begutachten sind, u.a. auch Spalierbäume. Markenbaumschulen gewähren eine Anwachsgarantie für Ballen- und Containerpflanzen (Gehölze mit Wurzel- oder Topfballen). Sie gehören dem Bund deutscher Baumschulen (BdB) an und unterliegen strengen Gütebestimmungen, was dem Käufer zugute kommt. U.a. sind Mindestgrößen, die Sortenechtheit und andere Eigenschaften vorgeschrieben, und die Gehölze müssen der Art entsprechend gewachsen sein (Beerensträucher z.B. mehrtriebig; Buschbäume mit gut verzweigter Krone etc.). Vor allem aber dürfen nur gesunde Pflanzen in den Handel kommen. Gehölze, die den BdB-Vorschriften unterliegen, sind mit einem speziellen Etikett gekennzeichnet.

Bodenvorbereitungen

Früher waren die Pflanzzeiten für Gehölze vorgegeben, und zwar im Herbst und im Frühjahr. Heute lassen sich Gehölze rund ums Jahr in den Garten setzen – Pflanzen im Container machen es möglich. Nur Bodenfrost steht dem Einpflanzen dieser Gehölze entgegen. Anders als Gehölze mit losen Wurzeln brauchen Containerpflanzen keinen starken Pflanzschnitt. Sonst sind die gleichen Vorbereitungen zu treffen. Wichtig ist die richtige Standortwahl und, falls nötig, die Bodenverbesserung. Die Pflanzgruben müssen doppelt so breit und tief sein wie die Wurzelballen, der Boden humos und locker. Staunässe ist zu vermeiden. Bodenverdichtungen, etwa durch Baumaschinen oder Tonschichten, müssen durchbrochen und aufgelockert werden. Schweren Lehmboden lockert man mit Sand, sehr durchlässiger sandiger Boden wird durch lehmige Gartenerde bindiger. Beim Pflanzen brauchen die Gehölze noch keinen Dünger, zumal sie erst anwachsen müssen und die Nährstoffe noch nicht verwerten können. In guter Gartenerde sind ohnehin genügend Nährstoffe enthalten. Kompostgaben sind allerdings zur Humusversorgung und Bo-

1

6.1
Beim Pflanzen von Kiwis und Weinreben gilt das Gleiche wie bei der Pflanzung von Obstbäumen. Sie kommen so tief in den Boden wie vorher in der Baumschule, bei Containerpflanzen bis zum Wurzelhals.

6.2
Wurzelnackte Bäume wachsen leichter an, wenn die Triebe etwa um die Hälfte eingekürzt werden - die Seitentriebe jeweils über einem Außenauge.

6.3
Am Wurzelwerk, das möglichst viele feine Faserwurzeln haben sollte, werden nur sehr lange und umgebogene Wurzeln zurückgeschnitten.

2

3

denlockerung nützlich. Anders als bei schnelllöslichen mineralischen Düngemitteln, die leicht ausgewaschen werden, sind die Nährstoffe im Kompost gut gespeichert.

Alle Gehölze, sowohl Gehölze mit losen Wurzeln als auch Container- und Ballenpflanzen, kommen ebenso tief in die Erde wie sie vorher waren. Maßgeblich ist der Wurzelhals. Das ist die Übergangsstelle von den Wurzeln zum Stamm oder zum Strauchwerk. Nach dem Einfüllen der eventuell verbesserten Aushuberde muss gut festgetreten werden, damit die Wurzeln einen „Bodenschluss“ (Bodenkontakt) bekommen. Dabei darf natürlich nicht auf den Wurzelballen getreten werden, sondern nur rund herum auf die eingefüllte Erde. Gehölze mit losen Wurzeln bewegt man vorher etwas hin und her, damit die Erde zwischen die Wurzeln rieselt. Nach dem Pflanzen ist gut anzugießen. Dabei werden die Faserwurzeln eingeschlämmt, so dass sie Bodenkontakt bekommen und anwachsen können.

6.4: Pflanzgrube möglichst großräumig und ausreichend tief ausheben, dann den Baum mittig platzieren...

6.5: ....das Maß ist der Wurzelhals, die Veredelungsstelle muss über dem Boden sitzen...

6.6: ....nach dem Einfüllen lockerer Erde den Baum rütteln, so dass feine Erde zwischen die Wurzeln rieselt und alle Hohlräume gefüllt werden...

6.7: ...Erde gut festtreten, dabei nicht auf die Wurzeln treten....

6.8: ...nach der Pflanzung eine Gießmulde formen.

Wurzelnackte Pflanzen

Die besten Pflanzzeiten für wurzelnackte Gehölze, also solche ohne Ballen, sowie für Ballenpflanzen, die nicht im Topf oder Container stehen, sondern deren Erdballen in Jute eingepackt ist, liegen im Frühjahr oder im Herbst. Bei diesen Gehölzen werden die Wurzeln beim Ausgraben teilweise durchtrennt und die wichtige Wur-

Gärtner-Tipp

Obstbäume werden entweder durch Okulation oder durch das Pfropfen veredelt. Die Okulation erfolgt am Wurzelhals. Die Veredelungsstelle ist an einer deutlichen Verdickung am Stamm erkennbar. Sie muss beim Pflanzen über der Erde sitzen. Grundsätzlich dürfen die Bäumchen nicht tiefer in den Boden gesetzt werden als sie vorher in der Baumschule eingepflanzt waren.

zelsubstanz vermindert. Dadurch ist die Wasserversorgung der Pflanzen beeinträchtigt. In der Wachstumszeit im Sommer würden sie welken oder müssten Trockenschäden hinnehmen. Im zeitigen Frühjahr (etwa im März/April) vor dem Austrieb oder im Herbst nach dem Triebabschluss (etwa von September - November) vertragen sie das Umpflanzen besser. Insbesondere Gehölze ohne Ballen, also mit losen Wurzeln, die einen Pflanzschnitt brauchen, pflanzt man grundsätzlich nur im Frühjahr oder im Herbst, wenn sie keine Blätter haben. Der Pflanzschnitt erleichtert das Anwachsen. Die Triebe sind etwa um ein Drittel ihrer Länge einzukürzen, damit die wenigen Wurzeln die Versorgung bewältigen. An den Wurzeln wird möglichst wenig geschnitten. Nur die Wurzelspitzen schneidet man mit einer scharfen Schere nach. Zudem werden abgebrochene und zu lange Wurzeln eingekürzt.

Pfählen und binden

Die Obstbäume in freiem Stand brauchen in der Zeit des Anwachsens Stützen, bis sie sich selbst verankert haben. Andernfalls würden sie vom Wind bis in die Wurzel bewegt oder gar umgedrückt, so dass die feinen Faserwurzeln nach dem Anwachsen wieder abreißen. Bäume mit Ballen werden schräg gepfählt und gebunden, um den Wurzelballen beim Einschlagen des Pfahls nicht zu verletzen. Bei Bäumchen ohne Ballen kann der Pfahl nach dem Pflanzen senk-

6.9: ....falls nötig, das Bäumchen noch gerade ausrichten und die Gießmulde weiter ausformen...

6.10: ...Boden gut mit Wasser einschlämmen...

6.11: ..nach der Pflanzung noch pfählen und binden oder Spalier bauen.

Gärtner-Tipp

Im Fachhandel sind neben den Kokosstricken auch spezielle Bänder erhältlich, die feste Bindungen einfacher möglich machen. Zu beachten ist, dass die Stützen und Bindungen sicher sitzen und guten Halt geben, ohne zu scheuern.

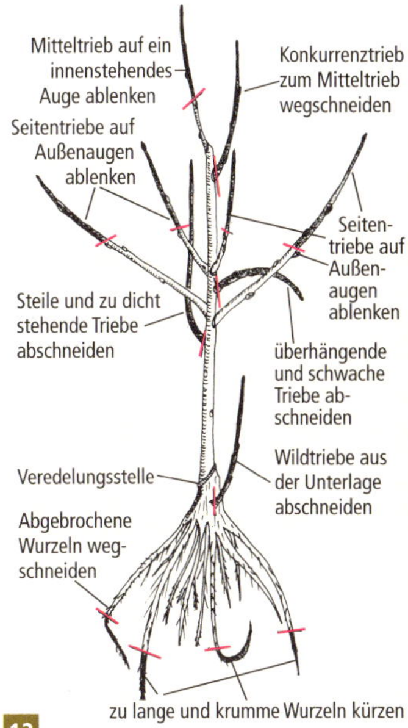

12

6.12: Maßnahmen beim Pflanzschnitt

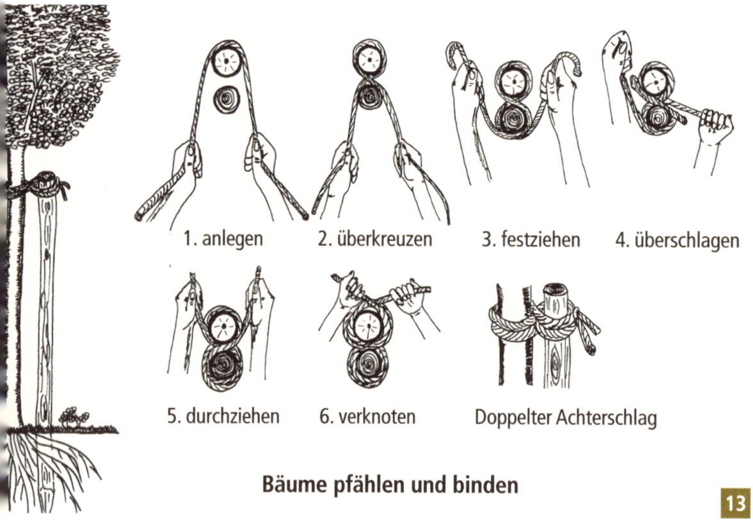

recht am Stamm vorbei in den Boden geschlagen werden. Die Spitze des Pfahls dringt an den losen Wurzeln vorbei in den Boden und verursacht keine Verletzungen. Zum Binden bietet sich z.B. Kokosschnur an. Sie muss straff sein und darf nicht an der Rinde scheuern. Die Schnur muss so gebunden werden, dass zwischen dem Stamm und dem Pfahl ein puffernder Knoten entsteht („doppelter Achterschlag"). Dieser verhindert das Scheuern des Pfahls an der Rinde. Nach etwa 2-3 Jahren, bevor die Schnur in die Rinde einschneidet, muss sie rechtzeitig gelöst und evtl. neu gebunden oder entfernt werden. Bäume am Spalier werden ohnehin an das Stützgerüst gebunden. Auch hier müssen die Bindungen straff sitzen und regelmäßig kontrolliert werden.

6.13: Bäume pfählen und binden

6.14: In der Baumschule stehen die Bäume geordnet nach Arten und Baumformen im Einschlag, so dass der passende Baum leicht ausgewählt und abgeholt werden kann.

6.15: Beerensträucher gibt es in vielen Arten und Sorten mit losen Wurzeln.

6.16:
Containerpflanzen werden vom Frühjahr bis zum Winter angeboten. Auf den Etiketten sind die Sorten und deren Eigenschaften beschrieben.

Pflanzung von Beerensträuchern

Beim Einkauf von Beerensträuchern im Gartencenter oder in der Baumschule lässt deren genaue Begutachtung einige Schlüsse zu. So sollten sie insgesamt einen gesunden kräftigen Eindruck machen. Bei Anzeichen von Mehltau, anderen Pilzkrankheiten auf den Blättern oder tierischen Schädlingen bleibt die Pflanze besser im Verkaufsregal oder im Einschlag stehen. Das gilt auch bei langstieligen, weichen Trieben.

14

15

16

Wurzelwerk prüfen

Alle Pflanzen sind besonders in der Anwachsphase von einer guten Versorgung abhängig. Ein kräftig entwickeltes Wurzelwerk begünstigt diese kritische Zeit wesentlich. Containerpflanzen sollten feste Faserwurzelballen haben. Beim Austopfen wird der Zustand erkennbar. Dieses muss vorsichtig ohne Beschädigung der Pflanzen erfolgen. Auch wurzelnackte Pflanzen, die im Frühjahr oder Herbst ausgegraben werden, brauchen ein gut verzweigtes Faserwurzelwerk. Es lohnt sich bei allen Arten, statt der wurzelnackten Pflanzen solche im Container zu wählen. Diese kosten zwar mehr als die Pflanzen mit losen Wurzeln, sie wachsen aber leichter an und benötigen keinen starken Pflanzschnitt.

Beim Pflanzen von Beerenobst gilt das Gleiche wie beim Pflanzen von Obstbäumen. So muss der Boden gut vorbereitet sein. Als Bodenverbesserungsmittel hat sich reifer Gartenkompost bewährt. Beerensträucher sind typische Waldrandpflanzen und brauchen humosen lockeren Boden. Allerdings wurzeln sie nicht tief, so dass eine ca. 30 cm dicke Schicht guter Gartenerde genügt. Das Pflanzloch wird wiederum im doppelten Ballendurchmesser ausgehoben, damit sich nach dem Einsetzen des Wurzelballens oder der losen Wurzeln, die Aushuberde leicht einfüttern lässt. Beim Festtreten der Erde darf nicht auf den Ballen getreten werden. Nur die lose Erde wird rundherum verdichtet. Durch das Einschlämmen mit Wasser bekommen alle Wurzeln guten Bodenkontakt. Das Formen einer Gießmulde vor dem Einschlämmen erleichtert auch hier die Bewässerung und verhindert, dass das Wasser abläuft und ungenutzt versickert. Dazu wird ein kleiner Wall rund um die Pflanze aufgeschüttet.

6.17: Durch einen regelmäßigen Erziehungsschnitt im Winter, ist ein recht gut geformter Spalierbaum entstanden. Die Palmette zeichnet sich durch einen durchgehenden senkrechten Mittelleittrieb und ziemlich waagerecht angeordnete Seitenleitäste aus.

6.18: Nach dem Schnitt ist das Leitastwerk erhalten geblieben. Nach innen wachsende, zu eng stehende und abweisende Triebe wurden ausgeschnitten. Weiterhin wurden die Leittriebe durch den Schnitt auf Außenaugen oder das Ablenken auf waagerechte Seitenäste weiter ausgebaut. Zudem wurde der Gipfel bis zu einem tiefer stehenden steilen Seitentrieb zurückgeschnitten.

Schnitt der Obstgehölze

Wilde Weinreben (Vitis vinifera), Holzbirnbäume, Wildpflaumen und andere Wildobstgehölze tragen jedes Jahr Früchte, obwohl sie keine Pflege erhalten und nie geschnitten wurden. Mehr als vom Schnitt ist die Fruchtbarkeit vom Alter, von der Nährstoffversorgung und vor allem von der Bestäubung abhängig. Dennoch kann der Schnitt dazu beitragen, die Vitalität der Gehölze und damit auch die Erträge zu fördern. Durch gezielte Eingriffe bleiben die Kronen gesund und wüchsig. Zudem begünstigt das Auslichten die Reife der Früchte. Wenn sie gut erzogen sind und regelmäßig behandelt werden, genügen zur Pflege und Instandhaltung der Obstgehölze wenige Schneidarbeiten. Anders als im Erwerbsobstbau, wo die Gehölze vorwiegend auf Ertrag getrimmt werden, sollen sie im Garten zwar auch gut fruchten, aber dennoch zur Gestaltung beitragen und schöne Kronen bilden. Das gilt besonders für Spalierobst.

Erziehungsschnitt

Die Erziehung richtet sich bei Beachtung der natürlichen Wuchseigenschaften nach der gewünschten Kronenform. Und hier, beziehungsweise schon bei der Pflanzenauswahl, werden auch die größten Fehler begangen. Denn natürlich gelingt es auf Dauer nicht, einen kräftig wachsenden Baum durch den Schnitt klein oder einen wuchernden Strauch kompakt zu halten. Jedes Gehölz muss auswachsen dürfen und auch langfristig an den vorgesehenen Platz passen! Wo ein starkwachsender Apfelhochstamm auf

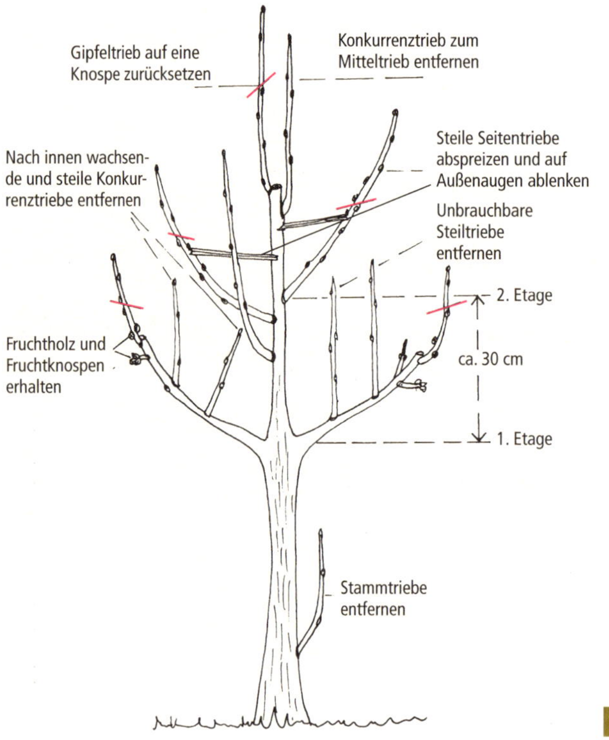

6.19: Erziehungsschnitt an einem Birnbaum

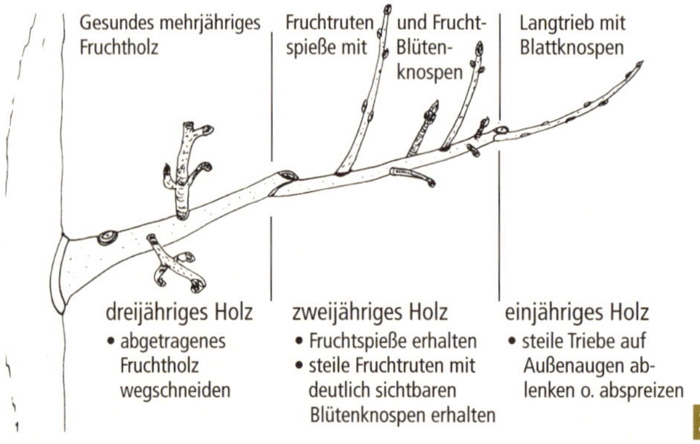

Dauer zu groß und breit würde, eignet sich besser ein Buschbaum auf schwachwachsender Unterlage. Statt den Apfelhochstamm ständig zu stutzen, ist es besser, den kleinen Busch auswachsen zu lassen. Dies gilt natürlich für alle Gehölz-Arten.

Eine wichtige Grundregel sagt: „Je stärker der Rückschnitt, umso kräftiger der Austrieb." Das heißt also, je mehr ein Baum oder Strauch zurückgeschnitten wird, umso besser treibt er wieder aus. Eine andere Regel, die insbesondere bei der Erziehung beachtenswert ist, weist auf die Reaktion der beschnittenen Zweige hin, und zwar: das oberste Auge bringt den kräftigsten Trieb hervor, d.h. die oberste Knospe vor der Schnittstelle treibt am kräftigsten aus. Die Kronenentwicklung beziehungsweise die Entwicklung einzelner Äste lässt sich also steuern, zumal auch die Richtung durch einen gezielten Schnitt festgelegt wird.

Beim Schnitt über einem Außenauge, einer Knospe also, die nach außen weist, bringt diese einen nach außen wachsenden Trieb hervor. Und das kommt der Erziehung sehr entgegen. Denn eine Krone oder ein Strauch soll licht und offen sein. Durch den Schnitt auf Außenaugen wird dies natürlich gefördert. Nach innen, also in die Krone wachsende Triebe, sind unerwünscht, denn sie stören erhaltenswerte Äste und behindern die Entwicklung lichter Kronen oder Bü-

6.20:
Aufbau eines dreijährigen Seitenleitastes. Am ältesten Teil hat sich bereits Fruchtholz gebildet. Das zweijährige Holz, das sich nach dem Rückschnitt entwickelt hat, ist mit Frucht- und Blatttrieben besetzt, der einjährige Trieb verzweigt sich erst.

6.21: Vom Spalier abweisende Triebe ganz abschneiden oder einkürzen, wenn sie brauchbar sind,...

6.22: ...steile und eng stehende Triebe ausschneiden...

23

24

25

6.23: ...steile Triebe entfernen und auf waagerechten Seitentrieb ablenken...

6.24: ...brauchbaren Seitentriebe auf ein Außenauge ablenken...

6.25: ....Schnitt stets knapp an eine Knospe, ohne diese zu verletzten und keine Stummel stehen lassen...

6.26: ...steile Triebe ausschneiden...

6.27: ....nach innen wachsende und schwache Triebe ausschneiden – aber das Fruchtholz erhalten....

6.28: ...steilen Trieb ausschneiden...

6.29: ...hier nachschneiden und den ganzen älteren abweisenden Ast abschneiden, kurzes Fruchtholz stehen lassen...

6.30: ...dürre Zapfen ausputzen...

6.31: ...Fruchtholz ist an dicken Knospen und sogenannten Fruchtkuchen (dicke Triebspitzen) erkennbar...

6.32: ...älteren steilen Zweig ausschneiden.

26

27

28

29

30

31

32

sche. Besondere Beachtung findet der senkrechte Mitteltrieb, der sogenannte Mittelleittrieb, der die Hauptachse bildet und den Stamm nach oben verlängert (beim senkrechten Schnurstock). Er sollte in der Regel durchgehend sein und von Jahr zu Jahr weiter gerade nach oben wachsen. Störende Konkurrenztriebe, die den Gipfel behindern, sind zu beseitigen, zumal sie Zwisteln (steile Astgabeln) bilden und später leicht ausschlenzen. Erhaltenswerte, mehr oder weniger waagerecht abstehende Seitentriebe, die für den Ausbau der Krone gebraucht werden, sollen natürlich stehen bleiben. Sie werden, falls nötig, abgespreizt und in Lücken gelenkt beziehungsweise in die gewünschten Richtungen.

Erziehung besonderer Spalierformen

Anders als gewöhnliche, meist pyramidale Kronen, die mit senkrechtem Mittelleittrieb und möglichst waagerecht angeordneten Seitenästen erzogen werden, erhalten die Spalierbäume mehr oder weniger strenge Formen. Die Erziehung als Palmette, in U-Form oder in einer anderen Form entspricht natürlich nicht den Regeln des natürlichen Obstbaum-Schnitts. Vielmehr sind die Äste strikt nach der gewünschten Spalierform anzuordnen. Das heißt, bereits die jungen elastischen Triebe werden an das Spaliergerüst geheftet, so dass sie verholzen und selbst stabil werden. Alle unbrauchbaren Triebe, die nicht der Spaliererziehung dienen, werden abgeschnitten – mit Ausnahme der Fruchttriebe. Diese sind an dicken Knospen zu erkennen. Das Fruchtholz wird grundsätzlich nicht geschnitten. Nur die jungen Blatttriebe, die wiederum an schmalen enganliegenden Knospen zu erkennen sind, werden eingekürzt, damit sie sich verzweigen, oder ausgeschnitten, wenn sie stören.

Der Pflegeschnitt: Auslichten und ordnen

Gut erzogene Spalierbäume sind recht einfach in Form zu halten. Gewöhnlich genügt es, die weitere Entfaltung zu fördern, indem bei einer Palmette der senkrechte Mittelleittrieb geheftet und von Konkurrenztrieben befreit wird. Zudem ist das bereits gut geordnete Seitenastwerk weiter auszubauen. Dazu schneidet man steile Spitzentriebe (die jungen Endtriebe an den Seitenästen) jeweils auf ein Außenauge zurück oder spreizt sie ab, so dass sie ziemlich waagerecht stehen. Zu eng stehende, nach innen wachsen-

6.33
Beerensträucher können auch im Sommer bei der Ernte ausgelichtet werden.

6.34
Himbeeren bilden viele Wurzelausläufer. Die Ausläufertriebe werden stark dezimiert.

6.35
Am Spalier bleiben einige kräftige Ruten pro Meter stehen, die noch eingekürzt werden.

33

34

35

de oder zu steile, unbrauchbare Triebe werden entfernt. Das Fruchtholz bleibt erhalten. Bei Veredelungen, bei Bäumen also, die auf Wurzel-Unterlagen gepfropft sind (z.B. Birnbäume auf Quitten-Unterlagen), müssen die Wildtriebe, die sich oft unterhalb der Veredelungsstelle aus dem Stamm entwickeln, immer wieder beseitigt werden. Bei Sträuchern genügt es, einige zu eng stehende Zweige gelegentlich direkt am Boden oder an einer Gabel abzuschneiden, so dass sie locker und luftig bleiben. Das gilt insbesondere bei Johannisbeeren, die in Reihen gepflanzt sind, sowie bei Himbeeren und Brombeeren. Bei diesen beiden Halbsträuchern ist es weiterhin nötig, die abgetragenen alten Fruchtruten direkt am Boden abzuschneiden, zumal sie nach der Ernte absterben. Die brauchbaren jungen Triebe werden nach dem Ausdünnen an das Spalier geheftet.

Wundbehandlung

Schnittstellen sind offene Wunden und natürlich schädlich, zumal ihre Heilung Kraft kostet. Um die Wundheilung nicht zu verzögern, sondern zu fördern, ist beim Schnitt und danach einiges zu beachten. Wesentlich ist, dass jeweils an der richtigen Stelle geschnitten wird. Störende Äste und Zweige werden vorzugsweise am Astring abgetrennt. Der Astring ist eine bei den meisten Gehölzen deutlich sichtbare Wulst, die den Ast oder Zweig direkt an der Austriebstelle umringt. Hier ruhen teilungsfähige Gewebezellen, die aktiv werden und die Schnittstelle zügig überwallen, wenn der Ast unmittelbar an dieser Stelle abgetrennt wird. Der Astring darf dabei selbst nicht verletzt werden! Dicke Äste trennt man deshalb zunächst mit der Säge ab und schneidet die Schnittstelle dann mit einem Messer nach, zumal glatte Wunden schneller heilen als raue, rissige Sägewunden. Damit der Ast nicht ausschlenzt, wird

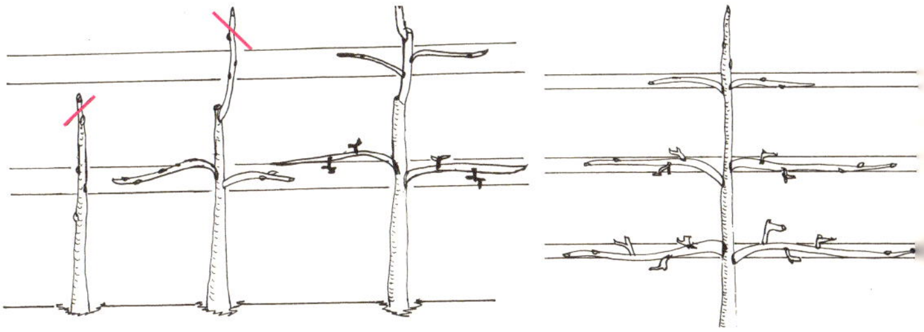

36

6.36: Stadien der Spaliererziehung in den ersten vier Jahren.
1. Eintriebige Veredelung durch den Rückschnitt nach der Pflanzung zur Verzweigung anregen.
2. Nach dem Austrieb eines neuen Gipfels und zweier Seitentriebe erfolgt im 2. Jahr wieder der Rückschnitt des Gipfels; die Seitentriebe werden geheftet.
3. Der Rückschnitt regt wieder zum Austrieb weiterer Seitentriebe an; an der 1. Etage hat sich Fruchtholz gebildet.
4. In gleicher Weise erfolgt die Bildung weiterer Etagen.

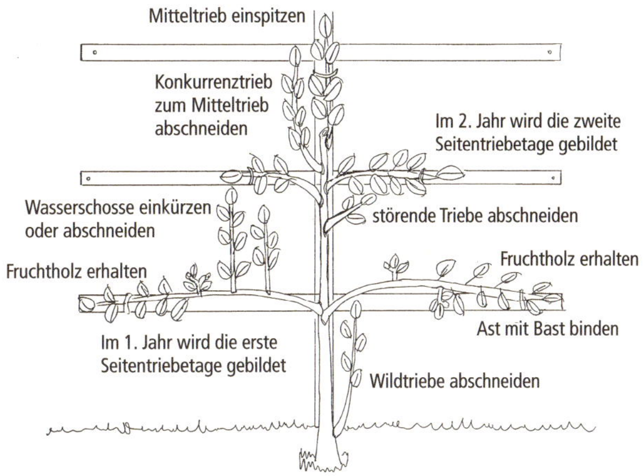

37

6.37
Jeweils beim Sommerschnitt sind nützliche Eingriffe möglich.

38

6.38
Bei der fächerförmigen Spaliererziehung der Weinreben werden einige Leittriebe gebildet. Das Fruchtholz an diesen Leittrieben erhält im Winter einen Rückschnitt auf kurze Zapfen mit wenigen Knospen.

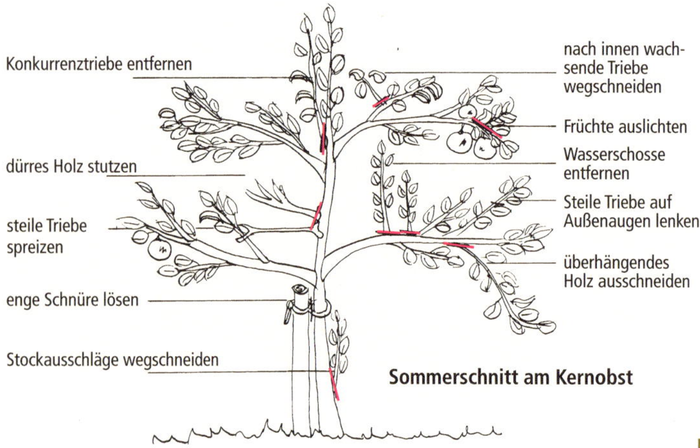

39

6.39
Auch bei Spindelbuschbäumen (z.B. in der Obsthecke) sind im Sommer kleine Eingriffe mit großer Wirkung durchführbar: Konkurrenztriebe zum Gipfel entfernen, steile Wasserschosse ausschneiden oder abspreizen, zu eng stehende, nach innen wachsende, überhängende und wilde Triebe entfernen, sowie Seitentriebe absenken.

er am besten stückweise abgeschnitten und dann erst am Astring abgetrennt. Auch bei Gehölzen, die keine deutlichen Astringe bilden, ist der Schnitt knapp am Stamm bzw. an der Austriebstelle günstig. Zapfen oder Stummel dürfen nicht stehen bleiben, weil sie die Wundüberwallung verhindern! Ein Wundverschluss mit künstlicher Rinde ist normalerweise nicht nötig. Die Bildung von Wundholz und die Abschottung erfolgt bei kleinen Schnittwunden bereits im Sommer nach dem Winterschnitt (beim Schnitt von 1-jährigen Trieben). Bei großen Wunden kann die Abschottung mit Wundholz mehrere Jahre dauern. Aber auch dann ist keine Behandlung mit künstlicher Rinde nötig, weil das Holz auch längere Zeit gesund und stabil bleibt. Keinesfalls darf künstliche Rinde oder ein anderes Wundverschlussmittel auf krankes Holz aufgetragen werden. Sonst wuchert der Schadpilz unter dem Wundverschluss weiter.

Als nützliche Pflegearbeiten neben dem Schnitt und der Wundbehandlung sind der Weißanstrich bei jungen Bäumen gegen Rindenrisse, der Schutz vor Wildverbiss, das Pfählen und Binden nach dem Pflanzen als Anwachshilfe und natürlich das Lösen straffer Stricke nach dem Anwachsen zu erwähnen.

Schnitt-Termine

Der Schnitt im Winter ist nach wie vor gebräuchlich, und zwar besonders zur Behandlung älterer Zweige. In der Saftruhe verkraften die Bäume und Sträucher Verletzungen des Holzes besser als wenn sie im Saft stehen. Jeder Rückschnitt ist ja eine Verletzung für den Baum oder Strauch und grundsätzlich schädlich. Denn besonders durch die Schnittstellen können Schädlinge wie Pilzsporen ins Holz eindringen. Im Winter, wenn die Bäume und Sträucher keine Blätter ha-

6.40
Nach dem Rückschnitt im Winter haben die oberen Knospen ausgetrieben. Beim Sommerschnitt wird hier der Konkurrenztrieb zum Gipfeltrieb ausgebrochen.

40

6.41
Solange störende oder zu eng stehende Triebe noch weich sind, können sie einfach ausgebrochen werden.

41

6.42
Im Sommer verholzen die Jahrestriebe bereits. Dann erfolgt das Entfernen störender Triebe mit der Schere.

42

ben, sind die störenden Triebe gut erkennbar. Die Schnittzeit ist jedoch auf wenige Monate begrenzt. Denn vor dem Winter sollte nicht geschnitten werden, weil die Gehölze dann leichter vom Frost angegriffen und geschädigt werden. Auch im Winter scheiden frostige oder nasse Tage zum Schneiden aus. Dann wirken sich Verletzungen besonders schädlich aus, weil die Schnittstellen leicht splittern beziehungsweise von Pilzsporen befallen werden. Natürlich ist die Arbeit im Freien bei Kälte oder Regen auch unangenehm. Der beste Termin für den Winterschnitt ist je nach Wetter von Ende Januar bis Ende März und zwar, wenn gröbere Arbeiten wie etwa das Auslichten vernachlässigter Spaliere fällig sind. Eine Ausnahme gilt für den Pflanzschnitt. Er muss selbstverständlich beim Pflanzen erledigt werden, also im Frühjahr oder im Herbst.

Sommerschnitt

Wenn im Frühjahr bei günstigem Wetter viele Blüten bestäubt wurden, entwickeln sich entsprechend viele Früchte. Die Bäume können dann nicht alle Früchte versorgen. Beim sogenannten Juni-Fruchtfall verlieren sie vorzeitig einen Teil. Während die Fruchtausdünnung von selbst geschieht, sollte die Triebentwicklung reguliert werden. Das kann bereits im Sommer erfolgen. Jetzt sind die Triebe noch jung und weich. Störende Triebe lassen sich also leicht entfernen. Das kommt den Bäumen zugute. Denn sie müssen solche Triebe, die im Winter sowieso ausgeschnitten würden, nicht unnötig versorgen. Das kommt aber auch dem Pfleger zugute. Denn die weichen Triebe lassen sich oft einfach mit den Fingernägeln entfernen. Sie werden an der Austriebstelle ausgebrochen. Die kleinen Wunden heilen noch im selben Sommer. Später etwa ab Juli, sobald die Triebe nicht mehr weich, sondern schon elastisch oder leicht verholzt sind, geht der Sommerschnitt besser mit der Schere von der Hand. Dann lassen sich nicht nur störende Triebe ausschneiden, sondern andere auch gezielt zur Verzweigung anregen oder in bestimmte Richtungen lenken. Welche Triebe stören, muss je nach Zustand der Krone entschieden werden. Triebe, die eindeutig nach innen in die Krone hinein wachsen, sind in jedem Fall zu entfernen. Sie behindern andere, günstig angeordnete Zweige nur und stören die Entwicklung einer lichten Krone. Auch das Ausdünnen zu dicht stehender Triebe, die sich ohnehin gegenseitig behindern, ist von Vorteil für das erhaltenswerte Zweigwerk. Dazu gehören auch senkrechte Triebe, die den Gipfel behindern, sowie vom Spalier abweisende Triebe, wenn sie nicht zur Spaliererziehung geeignet sind. Erhalten bleiben natürlich die Fruchttriebe. Das sind vor-

Sommerschnitt an Weinreben

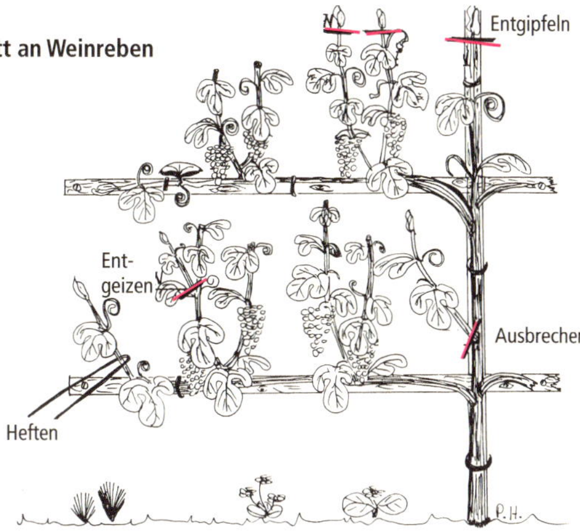

43

6.43
Beim Wein sollte der Sommerschnitt nicht vernachlässigt werden, zumal die Reben sehr starkwüchsig sind. Insbesondere empfiehlt es sich, Geiztriebe zu entfernen (störende Triebe aus den Blattachseln junger Haupttriebe), sowie nicht für den Ausbau des Spaliers brauchbare Triebe und zu lange Haupttriebe einzukürzen und steile Triebe abzusenken.

6.44
Bei diesem jungen Birnbaum wurden die Seitentriebe abgesenkt und geheftet. Brauchbare Triebe werden einkürzt.

6.45
Derselbe Spalierbaum hat sich gut entwickelt und viel Fruchtholz angesetzt (hier beim Heften nach dem Winterschnitt).

44

45

6.46
Zu feste Bindungen müssen rechtzeitig gelöst werden, bevor sie in die Rinde einschneiden.

6.47
Beim Sommerschnitt werden hier die Geiztriebe am Weinstock ausgeschnitten. Die Haupttriebe bleiben noch erhalten, weil sie für die Versorgung der jungen Trauben noch nötig sind.

wiegend kurze quirlige Triebe, die im Frühsommer bereits kleine Früchte angesetzt haben. Schon in der Vegetationszeit kann also mit solchen kleinen Kniffen dem Winterschnitt vorgegriffen werden. Weitere störende Triebe sind Wildtriebe. Triebe, die eindeutig unterhalb der Veredelungsstelle aus dem Stamm oder Boden wachsen, sollten unverzüglich entfernt werden, bevor sie verholzen und unnötig Kraft kosten – und zwar möglichst tief und gründlich. Sonst verzweigen sie sich nur und „schlagen vieltriebig aus".

Pinzieren

Was bei Wildtrieben unerwünscht ist, kann bei Edeltrieben durchaus von Nutzen sein. Langstielige Triebe lassen sich durch gezieltes Entspitzen (Pinzieren) besonders im Sommer gut zur Verzweigung anregen. Dieses Pinzieren wird auch im Obstbau praktiziert. Das Einkürzen langer Triebe fördert die Verzweigung und hat damit einen kompakten Wuchs zur Folge, sowie die Bildung von Fruchtholz. Nach dem Rückschnitt jeweils über einem Blatt, bringen die Triebe aus den Knospen, die in den Blattachseln sitzen, noch im Sommer neue Triebe hervor.

Stäben und heften

Neben dem Ausschneiden von störenden Trieben lohnt es sich schon im Sommer für einen geordneten Spalieraufbau zu sorgen. Insbesondere werden während der Entwicklung den Sommer hindurch brauchbare, aber ungünstig gerichtete Triebe gestäbt und geheftet, u.z. Gipfeltriebe gerade nach oben, brauchbare Seitentriebe der Spalierform entsprechend. Das Heften erfolgt mit Bast oder anderen Naturfaserschnüren. Das Ordnen und Heften ist ebenso bei Weinreben nützlich. So kommt es der Vitalität der Pflanzen zugute, wenn im Sommer störende Geiztriebe entfernt und brauchbare Triebe an das Klettergerüst geheftet werden. Jetzt sind die Triebe noch elastisch und biegsam und lassen sich leicht in die gewünschten Richtungen lenken.

Bänder lösen

Während das Stäben und Heften der jungen Triebe zur Spaliererziehung wichtig ist, dienen Stützpfähle, Lattengerüste, Spannseile und dergleichen zur dauerhaften Befestigung der Obstgehölze. Hier müssen die Schnüre und andere Befestigungselemente rechtzeitig gelöst und neu gebunden werden, bevor sie in die Rinde einschneiden. Das kann mit zunehmendem Dickenwachstum der Stämmchen im Sommer nötig sein!

Früchte freischneiden

Während des Sommers dienen die Blätter zur Versorgung der ganzen Pflanze, unter anderem auch zur Entwicklung der Früchte. Sobald diese aber ausgewachsen sind, sollten sie möglichst viel Sonne bekommen. Störende Triebe werden dann eingekürzt. Bei Weinreben und Kiwis erhalten die Jahrestriebe ohnehin jedes Jahr einen starken Rückschnitt. Das Einkürzen kann schon im Sommer erfolgen. Das Freischneiden der Früchte darf jedoch nicht während oder vor einer zu erwartenden Hitzeperiode erfolgen. Insbesondere Äpfel an einem Südspalier sind empfindlich für Sonnenbrand!

Vorbeugende Pflege

Die vorbeugende Stamm- und Rindenpflege bewahrt vor Wunden und Schädlingen. Bei jungen Stämmchen der Obstbäume, die noch eine elastische Rinde haben, verursacht die Wechselwirkung durch die wärmende Wintersonne und die Abkühlung in kalten Nächten starke Spannungen, die häufig schlimme Rindenrisse zur Folge haben. Die Stämmchen werden deshalb am besten mit Kalkmilch oder einem speziellen Rindenschutzmittel gestrichen, um die Sonnenstrahlung abzuschirmen. Später, wenn sich eine Borke bildet, ist kein Anstrich mehr nötig.

Stammschutz

In Ortsrandlagen dringen Kaninchen oft bis in die Gärten vor. Zum Schutz vor Wildverbiss sind Manschetten oder Maschendrahtgitter nützlich. Diese müssen jedoch hoch genug sein, damit die Tiere nicht über sie hinweg Zugang zur Nahrung finden.

Pflanzenschutz

Der beste Schutz der Obstgewächse ist eine gute Sortenwahl. Obwohl im Hausgarten auch gute alte Sorten gewünscht werden, sollten vorzugsweise robuste Züchtungen zum Einsatz kommen, die sich als wenig anfällig für Pilze und Schädlinge erwiesen haben. Wählen Sie z.B. bei Stachelbeeren neue mehltaufreie Züchtungen und auch bei Weinreben resistente Sorten. Am besten sind Sie mit Pflanzen aus heimischen Baumschulen bedient, die an das Klima der Region angepasst sind. Wenn Sie empfindliche Gewächse, wie etwa Pfirsichbäumchen haben möchten, müssen Sie die für den Frostschutz nötigen Arbeiten in Kauf nehmen. Wichtig ist auch eine gute Bodenvorbereitung. Wenn alles zum Besten steht, werden die Obstpflanzen mit Krankheiten und Schädlingen wenig zu kämpfen haben bzw. selbst damit fertig werden. Ein gewisser Befall, z.B. von Blattläusen, erfordert keine Mittel. Meistens fallen natürliche Feinde, wie Marienkäfer über die Schädlinge her. Im Sinne einer natürlichen Schädlingsabwehr ist es auch günstig, Nisthilfen für Nützlinge zu schaffen, so z.B. Meisenkästen oder Ohrwurmhöhlen. Falls sich dennoch Epidemien ausbreiten, kommen vorzugsweise weniger bedenkliche Mittel zum Einsatz, z.B. Kaliseifenlauge gegen Blattläuse oder Schachtelhalmauszüge gegen Pilzkrankheiten. Im Fachhandel ist mittlerweile eine Reihe solcher Produkte erhältlich. Zudem werden Pflegeprodukte angeboten, die zur Gesunderhaltung dienen, so etwa Weißanstrichmittel zum Stammschutz, Kunststoffmanschetten gegen Wildverbiss oder Schutzvlies gegen Nachtfrost. Beobachten Sie vor der Pflanzung auch die Obstbestände in der Umgebung. Wenn etwa der Birnengitterrost schlimme Schäden an benachbarten Bäumen angerichtet hat, sollten Sie zunächst auf Birnbäume verzichten oder Sorten wählen, die weniger gefährdet sind. Eine Mischung verschiedener Sorten mindert obendrein das Risiko von Ausfällen durch Schädlinge und Schäden. Wenn z.B. die Früchte einer Süßkirschensorte von den Maden der Kirschfruchtfliege befallen sind, kann eine andere spätere Sorten madenfrei bleiben. Das gilt auch für Zwetschgen, die ebenfalls gerne von Schädlingen heimgesucht werden (z.B. vom Pflaumenwickler). Zudem wirken sich Mischpflanzungen günstig auf die Befruchtung und damit auf die Erträge aus.

6.48
Dieser Pflaumenbaum wurde durch Geißfuss-Pfropfen veredelt. Das Reis ist angewachsen und treibt aus.

Gute Obstsorten selbst vermehren

Im Handel sind vorwiegend solche Obst-Sorten erhältlich, die sich als marktfähig erwiesen haben, d.h. die insbesondere transportfest und haltbar sind. Im Garten lassen sich auch seltene Sorten und solche mit besonderen Früchten kultivieren, die diesen Marktanforderungen weniger genügen. Wer sich überregional in Baumschulen erkundigt, wird ein vielfältiges Sortenangebot an Obstgehölzen mit sehr verschiedenartigen Eigenschaften finden. Ein anderer Weg kann darin bestehen, gute Obstgehölze aus der Umgebung selbst zu vermehren.
Die Vermehrung der Obstgehölze ist verhältnismäßig langwierig, denn ihre Anzucht dauert einige Jahre. Das gilt sowohl für die Vermehrung durch Aussaat als auch durch Veredelung. Die Aussaat lohnt sich ohnehin nur bei sehr wenigen Arten, wie z.B. Walnussbäumen, Haselbüschen, Pfirsichbäumchen und einigen anderen, bei denen Sämlinge brauchbares Obst tragen. Das Gros der Obstgehölze wird ungeschlechtlich, also nicht durch Aussaat, sondern durch Veredelung vermehrt. Dadurch lassen sich gute Mutterpflanzen beliebig vervielfältigen. So stammen übrigens auch bestimmte Sorten, wie der 'Boskoop' von einem einzigen Stammbaum ab. Die Nachkommen wurden weltweit durch Veredelung verbreitet.

Obst veredeln

In Obstgärten und auf Streuobstwiesen findet sich eine Fülle alter und neuer Züchtungen. Diese Bäume können auch von Privatpersonen zur Schnittgutgewinnung genutzt werden, wenn im Winter ohnehin ein Schnitt fällig ist. Beim Auslichten der Kronen fallen eine Menge junger Triebe an, die als Edelreiser genutzt werden können. Natürlich sollte die Sorte bekannt sein und der Baum gute Früchte hervorgebracht haben. Es lohnt sich, die Früchte bereits zur Reifezeit zu probieren und die ausgewählten Bäume für das Einsammeln der Reiser vorzumerken. In Sichtungsgärten ermöglicht die Auszeichnung der Bäume auf den anhängenden Etiketten auch im Winter einen gezielten Schnitt, um Reiser zur Veredelung zu gewinnen. Ebenso eignen sich gute Sorten im eigenen Garten und von Bekannten. Die Reiser müssen bis zur Veredelungszeit im Frühjahr kühl gelagert werden, damit sie frisch bleiben. Als Veredelungs-Unterlagen eignen sich Sämlinge, die z.B. wild im Garten aufgegangen sind oder gezielt ausgesät wurden.
Es ist sogar möglich, mehrere verschiedene Sorten auf einen Baum zu veredeln – allerdings immer nur von der gleichen Gattung. Mit einigen Ausnahmen wachsen also nur Apfel-Reiser auf Apfelbäumen, Birnenreiser

6.49
Apfelkerne sind keimfähig. So eignen sie sich zur Vermehrung von Veredelungs-Unterlagen. Nach der Aussaat im Spätwinter keimen die Samen in wenigen Wochen und bringen dann schon kleine Sämlinge hervor. Nach der Überwinterung geschützt im Freien, kann dann im Frühjahr oder im Sommer die Veredelung erfolgen.

Frühjahrsveredelung durch Kopulation

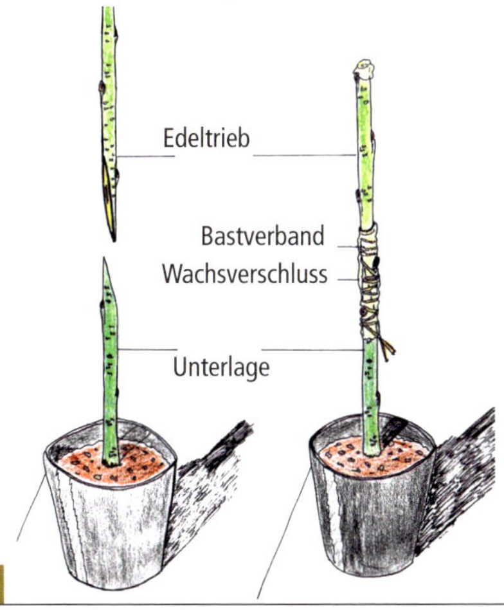

50

Veredelung durch Rindenpfropfen

1. Edeltrieb und Unterlage angeschnitten
2. Trieb eingesetzt, verbunden und versiegelt, die Augen bleiben frei
3. Der Edeltrieb hat ausgetrieben, Wundgewebe bildet sich

51

auf Birnbäumen, Kirschenreiser auf Kirschbäumen an. Es gibt verschiedene Techniken der Veredelung, und zwar die Kopulation und das Geißfußpfropfen im zeitigen Frühjahr, das Rindenpfropfen im Mai und die Okulation im Sommer. Wer gute Obst-Sorten kennt, aber keine Übung mit dem Veredeln hat, kann das Veredeln auch von einer Baumschule durchführen lassen. Adressen sind im Branchentelefonbuch oder im Internet zu finden. Zum Termin werden einige Edelreiser von den gewünschten Sorten zur Baumschule gebracht, die dann vom Gärtner auf vorbereitete Wurzelunterlagen veredelt werden.

Pfropfen im Frühjahr

Die einfachste Frühjahrs-Veredelung ist das Rindenpfropfen. Dabei wird ein Edelreis (kurzes Triebstück mit etwa 5 Knospen) hinter die Rinde der Unterlage gesteckt. Die Edelreiser müssen natürlich zur Veredelungszeit frisch sein. Sie werden im Winter von gesunden Bäumen geschnitten, die gute Früchte tragen und in einem kühlen, dunklen Keller in feuchtem Sand gelagert. Notfalls eignet sich auch der Kühlschrank als Lagerraum. Die Unterlage kann ein wildes Obst-Bäumchen sein, das im Garten aufgegangen ist. Es wird vorher in der bestimm-

6.50: Beim Pfropfen durch Kopulation müssen die beiden Veredelungspartner gleich dick sein. Sowohl an der Veredelungs-Unterlage, als auch am Edelreis erfolgt ein möglichst langer glatter Schnitt. Die Schnittstellen beider Veredelungspartner müssen deckungsgleich aufeinander liegen. Beim Schnitt ist darauf zu achten, dass jeweils auf der Rückseite der Schnittstellen sogenannte Zugaugen sitzen. Diese Knospen fördern das Anwachsen.

6.51: Auch beim Rindenpfropfen ist es für das Anwachsen des Edelreises förderlich, wenn in Höhe der Veredelungsstelle ein sogenannter Zugast sitzt. Dadurch fließt der Saftstrom bis nach oben, so dass der Pfropfkopf versorgt wird. Ohne Zugauge kann es sein, dass er vertrocknet.

6.52: Sobald der Sämling etwa Bleistiftstärke hat, kann er veredelt werden. Im Sommer etwa ab Ende Juni lässt sich die Rinde lösen. Dann erfolgt ein T-Schnitt in die Rinde und die beiden Rindenlappen werden aufgeklappt. Nach dem Schneiden des Edelauges wird dieses hinter die Rindenlappen eingeschoben. Damit das Auge fest sitzt, ist ein Verband mit Bast oder einem speziellen Veredelungsgummi nötig. Bei einem Bastverband muss noch mit Baumwachs verstrichen werden, damit das Auge nicht vertrocknet. Der Austrieb erfolgt nach dem Anwachsen noch im selben Sommer. Das Stäben und Heften bewirkt einen senkrechten Wuchs.

Sommerveredelung: Okulation — Behandlung des Edeltriebes

52 Wilde Topfpflanze aus einem Kern

6.53
Nach dem Abwerfen der Krone, die Schnittstelle mit dem Messer nachschneiden...

6.54
...langer gerader Kopulationsschnitt am Edelreis...

6.55 ...Rinde bis zum Holz einschneiden..

6.56 ..Edelreis hinter die Rinde schieben...

6.57 ...zweites Reis einsetzen...

6.58 ...drittes Reis einsetzen...

6.59 ...Pfropfkopf mit Bast verbinden...

6.60
...mit künstlicher Rinde oder Baumwachs verstreichen..

6.61 ...fertige Veredelung...

6.62
...die Veredelungen sind angewachsen, die Reiser haben ausgetrieben.

ten Kronenhöhe abgeschnitten. Dann ritzt man die Rinde ein und klappt die beiden Rindenlappen auseinander. Jetzt lässt sich das Edelreis, das unten lang und schräg angeschnitten wurde, hinter die Rinde stecken. Nach dem Verbinden mit Bast und dem Versiegeln mit Baumwachs wächst das Edelreis, mit etwas Glück, an und entwickelt sich zu einer Krone, die genau die gleichen Früchte trägt, wie der Baum, von dem es geschnitten wurde. Bei dicken Unterlagen (z.B. bei älteren Obstbäumchen) lohnt es sich, mehrere Edelreiser einzusetzen. Das erhöht die Anwachschancen. Veredelte Jungpflanzen aus der Baumschule sind an einer Verdickung am Stamm leicht zu erkennen.

Kopulation im Frühjahr

Neben dem Rindenpfropfen gibt es noch weitere Techniken, die in den Baumschulen zur Vermehrung von Obstbäumchen angewendet werden. Sie bleiben normalerweise den Profigärtnern vorbehalten, zumal sie einige Übung erfordern. Neben dem Rindenpfropfen kann für den Hausgebrauch noch die Kopulation empfohlen werden. Diese Pfropftechnik kommt bei der Veredelung von jungen Bäumchen in Frage, die noch sehr dünne Stämmchen haben. Das ausgewählte Bäumchen sollte genauso dick sein wie das Edelreis. Beide Veredelungspartner werden so angeschnitten, dass lange ovale Schnittstellen entstehen, die genau deckungsgleich aufeinander liegen. Sie wachsen nach dem Verbinden mit Bast und Verstreichen mit Baumwachs zusammen.

Zeitfenster

Das Rindenpfropfen ist erst dann möglich, wenn die Säfte steigen und sich die Rinde nach dem Einschneiden leicht vom Holz lösen lässt. In der Regel beginnt die Zeit dazu etwa Ende April. Sie dauert bis in den Mai an. Das Kopulieren ist bereits ab Februar möglich.

Okulation im Sommer

Eine Sommerveredelung dient u.a. zur Vermehrung von Jungpflanzen oder auch zum Aufsetzen einer zweiten Sorte auf einen bereits bestehenden älteren Baum. Das kann z.B. eine Süßkirschensorte sein, die einen Befruchter braucht oder auch eine zweite Sorte für einen Apfelbaum. Der Vorteil dieser Sommerveredelung namens Okulation ist, dass die Edelreiser unverzüglich vor der Aktion (etwa von Ende Juni bis Anfang August) geschnitten werden können. Es bedarf keiner Lagerung. Als Mutterpflanzen dienen ausgewählte Bäume, die offensichtlich gesund sind und gute Früchte tragen. Auch dazu ist die Zeit im Sommer günstig, zumal jetzt die Früchte reifen. Die Reiser, also kräftige Triebe, die sich in diesem Sommer ent-

6.63
Von einem Apfelbaum einer guten Sorte werden Edelreiser geschnitten.

6.64
Nach dem T-Schnitt in die Veredelungs-Unterlage, dem Lösen der Rinde und dem Aufklappen der Rindenlappen wird das Edelauge eingeschoben.

6.65
Beim Verbinden mit Bast muss das Auge frei bleiben. Jetzt erfolgt noch das Verstreichen mit Baumwachs. Auch dabei muss das Auge frei bleiben.

6.66
Nach wenigen Wochen zeigt es sich, ob das Auge angewachsen ist. Wenn der Austrieb erfolgt, kann der Sämling bzw. der veredelte Zweig über der Veredelungsstelle abgeschnitten werden.

6.67
Aus eine Knospe entwickelt sich ein Baum bzw. Ast, der völlig identisch mit der Mutterpflanze ist und nach einigen Jahren auch die gleichen Früchte trägt.

wickelt haben, werden in ein feuchtes Tuch eingeschlagen und unverzüglich an den Ort der Veredelung transportiert. Die ausgewählte Unterlage, also z.B. ein junger Obstsämling oder ein bereits vorhandener Baum im Garten, bekommt nun ein Auge von diesem Edeltrieb eingesetzt. Dazu wird der Trieb zunächst entblättert. Für alle Schneidarbeiten ist ein gut geschärftes Messer nötig, am besten wird ein spezielles Okuliermesser benutzt. Die Augen, also Knospen, sitzen jeweils in einer Blattachsel. Sie werden so vom Trieb abgetrennt, dass ein kleiner Rindenanteil erhalten bleibt. Das gelingt, indem das Messer flach angelegt und durchgezogen wird. Schon vorher wurde an der Unterlage, also am zu veredelnden Baum, an einer passenden Veredelungsstelle die Rinde T-förmig eingeschnitten und mit dem Messerrücken oder einem speziellen Rindenlöser vorsichtig vom Holz gelöst. Das geschnittene Edelauge lässt sich nun hinter die Rindenlappen einschieben. Das muss ohne Berührung der Schnittstellen geschehen! Nach dem Verbinden mit einem Veredelungsgummi oder auch mit Bast und Baumwachs wachsen mit etwas Glück beide Partner zusammen. Natürlich verbessern sich die Anwachschancen, wenn mehrere Augen eingesetzt werden.

Aussaat von Obstgehölzen

In freier Natur oder in öffentlichen Anlagen sind recht oft Gehölze zu finden, die gute Früchte tragen, obwohl sie von selbst aufgegangen sind. Es sind neben anderen Gehölzen Walnussbäume, Haselsträucher, Kornelkirschen, Schlehen, Felsenbirnen *(Amelanchier)*, Zierquitten *(Chaenomeles)*, Hagebuttenrosen oder Sanddornbüsche.
Diese Gehölze sind aus Samen der Mutterpflanzen entstanden oder wurden von Tieren verbreitet. Die Früchte fielen auf fruchtbaren Boden, so dass die Kerne keimen konnten. Oft erst nach Jahren entwickelten sich aus den kleinen Sämlingen blühfähige und fruchtende Pflanzen.
Hier wird der wesentliche Nachteil der Aussaat im Vergleich mit der Veredelung oder anderen ungeschlechtlichen Vermehrungs-Arten deutlich. Es dauert meist lange, bis aus Samen fruchtende Gehölze wachsen, und erst dann wird sichtbar, ob sie brauchbar sind oder nicht. Dennoch lässt sich, sozusagen durch eine Vorauswahl, schon eine gewisse Fruchtqualität fördern. Denn besonders großfrüchtige und auffällige Mutterpflanzen bringen oft auch entsprechende Nachkommen hervor. Deshalb wählt man für die Aussaat vorzugsweise Gehölze aus, die besonders gute Früchte tragen.

Samen vorbereiten

Die reifen Samen werden dann je nach Art vorbereitet, das heißt, vom Fruchtfleisch befreit oder aus den Früchten gelöst und gezielt ausgesät. Manche Früchte brauchen eine spezielle Vorbehandlung. Hagebutten, Vogelbeeren, Schlehen, Kornelkirschen, Mispeln oder Pflaumen keimen beispielsweise nur, wenn sie vor der Aussaat stratifiziert (kältebehandelt) werden. Dazu kommen sie in eine Kiste mit feuchtem Sand, wo sie im Freien bis zum Frühjahr liegen bleiben. Die Frosteinwirkung begünstigt die Keimung. Nach der Aussaat in Beete oder Töpfe gehen sie dann recht zuverlässig auf. Diese Technik ersetzt natürliche Keimhilfen, wie z.B. die in Vogelmägen. Denn in der Natur werden die keimungshemmenden Stoffe bei der Verdauung durch Vögel abgebaut. Die Vögel lösen das störende Fruchtfleisch auf und wandeln es zu Dünger um. Sie säen die Samen dann vorgekeimt und gedüngt überall in der Umgebung aus. Gleichermaßen kann man bestimmte Früchte, wie etwa Vogelbeeren, gezielt den Hühnern vorwerfen und mit dem Mist einsammeln, um sie dann andernorts auszusäen.

68

69

70

6.68
Jungen Trieb von erhaltenswerter Mutterpflanze schneiden...

6.69
...Kompost-Erd-Gemisch in Topf füllen...

6.70 ....Trieb unten entblättern....

6.71
....unten an einer Knospe schräg abschneiden...

6.72
....Steckling oben über einer Knospe mit Blatt abschneiden....

6.73 ...Blatt einkürzen...

6.74 ...Steckling in Topf stecken...

6.75 ...mehrere Stecklinge im Topf....

6.76 ...Folienbeutel aufstülpen.

6.77
Anzuchtgefäß auf eine helle Fensterbank stellen.

71

72

73

74

75

76

77

6.78
Im Winter während der Schnittzeit junge Ruten von guten Sorten auswählen und in etwa scherenlange Steckhölzer mit vielen Knospen zerteilen....

6.79
...Steckhölzer in ein Gartenbeet oder in tiefe Töpfe mit lockerer Erde stecken...

6.80
...mehrere Steckhölzer erhöhen die Anwachschancen...

6.81
...bewurzelte Steckhölzer im Herbst umpflanzen.

6.82
Bewurzelte Steckhölzer von verschiedenen Wein-Sorten treiben aus.

Unterlagen heranziehen

Die Aussaat wird gartenbaulich oder auch im Forst vorzugsweise in großen Mengen praktiziert – natürlich nur mit solchen Arten, die zu vermarkten oder nützlich sind. Besonders bei Ebereschen, Kornelkirschen, Schlehen, Sanddorn und anderen Wildobst-Arten werden große Mengen vermehrt. Zuhause reichen normalerweise wenige Exemplare aus, z.B. für eine Wildobsthecke. Dafür können die Jungpflanzen auch bei Forstbaumschulen erworben werden. Man kann sie natürlich auch selbst säen – je nach Art mit den notwendigen Vorbereitungen. Gewöhnlich werden aber kaum große Mengen an Jungpflanzen gebraucht, sondern nur einige Exemplare bestimmter Arten, und zwar entweder als echte Wildformen oder als Unterlagen für die Veredelung ausgewählter Sorten. Dafür sind fast alle Sämlinge brauchbar. Auch solche, die keine guten Früchte tragen, lassen sich immer noch als Bäumchen zum Veredeln nutzen. Sollte sich Jahre nach der Aussaat an den Früchten zeigen, dass die Sämlinge nicht besonders wertvoll sind, kann man immer noch Zweige guter Sorten darauf pfropfen. Natürlich nur Apfel-Sorten auf Apfel-Sämlinge, Birnen-Sorten auf Birnen-Sämlinge, Kirsch-Sorten auf Kirsch-Sämlinge usw.

Unterlagen selber ziehen

Zum Veredeln von kleinbleibenden Obstbäumen sind Sämlinge als Unterlagen ungeeignet. Dazu dienen vielmehr gezüchtete Typen-Unterlagen, die sich durch einen schwachen Wuchs auszeichnen. Diese Unterlagen werden durch Anhäufeln vermehrt. Dazu kommen Jungpflanzen in Reihen auf ein Feld. Nach der Pflanzung erfolgt ein kräftiger Rückschnitt, um die Verzweigung anzuregen. Sobald sich nach etwa einem Jahr kräftige Büsche gebildet haben, wird im Frühjahr angehäufelt. Dazu dient krümelige

Erde, die ausreichend hoch in die Büsche geschüttet wird. Sie regt die jungen Triebe zur Wurzelbildung an. Das Anhäufeln wird mehrmals im Sommer wiederholt, zumal die Erde zusammensackt. Im Herbst darauf können nach dem Abhäufeln die bewurzelten Triebe abgetrennt und umgepflanzt werden. Im Garten können unerwünschte Stockausschläge an Obstbäumen als Unterlage herangezogen werden. Dazu werden sie ebenso mit lockerer Erde angehäufelt, zur Wurzelbildung angeregt und anschließend abgeschnitten. Kräftige Unterlagen lassen sich bereits im nächsten Sommer durch Okulation veredeln. Bewurzelte Unterlagen sind gelegentlich auch in Baumschulen recht preiswert erhältlich.

Stecklinge

Johannis- und Stachelbeerbüsche sind ganz einfach durch Stecklinge vermehrbar. Dazu schneidet man im Sommer etwa ab Ende Juni ausgereifte Triebe, steckt diese – nachdem die unteren Blätter entfernt wurden – in Töpfe mit lockerem Anzuchtsubstrat (z.B. Sand-Erd-Blähton-Gemisch) und stülpt Gläser oder Folien darüber. Sie bilden in wenigen Wochen Wurzeln und können dann umgetopft und schon im Herbst ausgepflanzt werden. Bei schwachen Pflanzen ist eventuell ein Frostschutz nötig. Auf diese Art ist es zur Reifezeit der Früchte möglich, gute Sorten, das heißt, gesunde Pflanzen mit besonderen Früchten auszuwählen und für den eigenen Garten zu gewinnen. Sie ersetzen in einigen Jahren die weniger guten, mehltaukranken oder alten vergreisten Pflanzen.

Steckhölzer

Johannis- und Stachelbeer-Sorten sowie Holunderbeerbüsche können ebenso einfach auch durch sogenannte Steckhölzer vermehrt werden. Diese Methode empfiehlt sich vor allem, um von guten Sorten selbst Nachwuchs heranzuziehen. Dazu schneidet man im Winter junge Triebe, kürzt sie auf Scherenlänge ein und steckt sie in tiefe Töpfe mit sandigem Substrat, und zwar so, dass nur die oberste Knospe über der Erde sitzt. Die anderen Knospen stecken im Boden. Sie bilden dadurch keine Triebe, sondern Wurzeln. Die Steckhölzer wachsen oft noch vor dem Frühjahr an und lassen sich dann auspflanzen. Die Steckholz-Vermehrung gelingt auch bei Weinreben. Allerdings dürfen in Weinbaugebieten nur veredelte, reblaus-resistente Reben gepflanzt werden!

Ableger

Weitere Vermehrungsmöglichkeiten sind bei Brombeeren erfolgreich. Und zwar werden junge Triebe zu Boden gedrückt. Sie wachsen dann an und können abgetrennt und umgepflanzt werden. Erdbeeren bilden ohne Zutun selbst bewurzelte Ausläufer. Diese können ebenfalls als Jungpflanzen genutzt werden (z.B. zur Unterpflanzung der Spaliere). Himbeeren treiben Wurzelausläufer, die sich ausgraben und umsetzen lassen. Bei Haseln und Beerensträuchern gelingt die Vermehrung durch Anhäufeln. Dazu wird in die Büsche etwa 20-30 cm hoch lockere Erde geschüttet. Die jungen Triebe bilden dann Wurzeln. Das Anhäufeln geschieht im Frühjahr und muss mehrmals wiederholt werden, sobald die Erde zusammensackt. Bis zum Herbst bilden sich Wurzeln. Gut bewurzelte Triebe können dann abgetrennt und umgepflanzt werden. Unbewurzelte Triebe bleiben noch ein Jahr am Strauch.

83

6.83
Bewurzelter Steckling im Sommer nach der Vermehrung.

Hinweis

Mit den Pflanzenteilen werden exakt die gleichen Eigenschaften der Mutterpflanzen vermehrt. Es lohnt sich also, sorgfältig auszuwählen, damit die Jungpflanzen nicht nur gute Früchte tragen, sondern auch sonst erhaltenswerte Eigenschaften haben (u.a. einen gleichmäßigen Wuchs, gesunde Triebe usw.).

Index

Weitere Bücher im ökobuch Verlag

Anders gärtnern

Permakultur-Elemente im Hausgarten. Ob Kräuterspirale, Krater- bzw. Hochbeet, Kartoffelturm, Wurmfarm oder Erdgewächshaus mit Hühnerstall, bei allem dient die Natur als Vorbild. Mit vielen Anleitungen für einen Hausgarten, in dem die Bereiche harmonisch zusammenwirken und sich gegenseitig fördern. Von Margit Rusch. 96 Seiten, mit vielen farbigen Abbildungen, 13,95 €

Mein kleiner Permakultur-Garten

300 kg Ernte auf 150 m^2 Fläche mitten in der Stadt. Der Autor Josef Chauffrey beschreibt die Kultivierung eines Reihenhausgartens nach Permakultur-Prinzipien und zeigt, wie sich beachtliche Ernteerfolge an Obst u. Gemüse erzielen lassen. 110 Seiten, mit vielen farbigen Abbildungen, 14,95 €

Biogarten Handbuch

Anleitung zum naturgemäßen Gärtnern in Bildern. Hier wird das notwendige Wissen vermittelt, um erfolgreich den Boden zu bestellen und reichhaltig gesundes Obst und Gemüse zu ernten. Von Annelore und Susanne Bruns. 142 Seiten, viele Abbildungen, 13,90 €

Werkbuch Biogarten

Anleitung zum handwerklichen Arbeiten in Bildern: Bau von Kompostbehältern u. Frühbeeten, Pflanzengerüsten, kleinen Lagerkellern, Kräuterspiralen, Vogelnistkästen u.v.m. Von Annelore und Susanne Bruns. 112 Seiten, mit vielen Abbildungen, 12,90 €

Auf 300 qm Gemüseland

... den Bedarf eines Haushalts ziehen. Wie man auf kleinstem Raum einen Nutzgarten anlegt und erfolgreich bewirtschaftet, können wir von unseren Vorfahren lernen. Mit schnellen, praktischen, alphabetisch geordneten Infos über die wesentlichen Pflanzen, über Anbau- und Arbeitsmethoden. Von Arthur Janson. Neugestalteter Nachdruck der Erstausgabe von 1926. 170 Seiten, 13,95 €

Saatgut aus dem Hausgarten

Nach einer Einführung in die Saatgutgewinnung und in die Praxis der Vermehrung werden die nötigen Hilfsmittel, Ernte, Reinigung und Lagerung der Samen sowie Aussaat und Aufzucht beschrieben. Mit kurzen Pflanzenporträts aller im Hausgarten üblichen Kräuter, Gemüse und Blumen. Von Marlies Ortner. 138 Seiten, mit vielen farbigen Abbildungen, 19,90 €

Trocknen und Dörren mit der Sonne

Bau & Betrieb von Solartrocknern. Ein Buch für alle, die einen funktionstüchtigen Solartrockner kostengünstig selbst bauen möchten, um Obst, Gemüse und Kräuter natürlich und hochwertig haltbar zu machen. Außerdem: Praxis des Trocknens mit vielen Tipps aus langjähriger Erfahrung. Herausgegeben von Claudia Lorenz-Ladener. 96 Seiten, mit vielen farbigen Abbildungen, 13,95 €

Terrassen und Decks aus Holz selbst gebaut

Planungsüberlegungen, sinnvolle Konstruktionen, Materialempfehlungen. Viele Beispiele und Schritt-für-Schritt-Bilder vermitteln das Wissen zum Bau schöner Holzdecks. Von Peter Himmelhuber. 102 Seiten, mit vielen farbigen Abbildungen, 14,95 €

Mein Garten lebt

Vögel, Schmetterlinge, Igel, Wildbienen und andere nützliche Tiere ansiedeln. Mit Bauanleitungen und Gestaltungsideen, um durch Nisthilfen, Schlafquartiere u.ä, Gärten tierfreundlich zu gestalten. Von Peter Himmelhuber. 96 Seiten, mit vielen farbigen Abbildungen, 13,95 €

Natürlich konservieren

Die 250 besten Rezepte, um Gemüse und Obst möglichst naturbelassen haltbar zu machen und ein maximum an Vitaminen, Nährstoffen und Geschmack zu erhalten. Herausgegeben von Terre Vivante. 160 Seiten, mit vielen Abbildungen, 13,90 €

Trockenmauern für den Garten

Bauanleitung & Gestaltungsideen. Ob Sitzplätze oder Hochbeete einzufassen, eine Hangfläche zu terrassieren oder das Grundstück einzugrenzen: Mit einfachen Werkzeugen kann jeder kostengünstig eine schöne und dauerhafte Trockenmauer selbst bauen. Von Jana Spitzer und Reiner Dittrich. 96 Seiten, mit vielen farbigen Abbildungen, 13,95 €

Hütten von Kindern selbst gebaut

Das Buch zeigt schön illustriert, wie Kinder ohne großen Aufwand ihr eigenes kleines Reich erschaffen können, mit Baumaterialien, die fast alle draußen zu finden sind: Spielhäuschen, Kuppelbau, Schlupfwinkel, Beobachtungsversteck. Ab 8 Jahre. Von Louis Espinassous. 58 Seiten, mit vielen Abbildungen, 13,95 €

Kleine Baumhäuser und Hütten

... kinderleicht gebaut. Hier wird gezeigt, wie Baum- und Stelzenhäuser gebaut werden können. Mit Anleitungen für verschiedene Konstruktionen und Bildern von realisierten Beispielen. Von David Stiles. 96 Seiten, mit vielen farbigen Abbildungen, 12,95 €

Holzbacköfen im Garten

Detaillierte Bauanleitungen vom einfachen Lehmofen bis zum gemauerten Brotbackhäuschen. Mit vielen Erfahrungen und Ratschlägen sowie pfiffigen Tipps und Rezepten. Herausgegeben von Claudia Lorenz-Ladener. 138 Seiten, mit vielen Abbildungen, 15,95 €

Gestalten mit Stein im Garten

Pflastern von Wegen, Terrassen und Zufahrten, Anlegen von Treppen und das Errichten von Mauern und Hangbefestigungen, mit Hinweisen zur Materialwahl, zu Aufwand und Kosten, und mit Anregungen für eigenes Schaffen. Von Peter Himmelhuber. 126 Seiten, mit vielen farbigen Abbildungen, 15,95 €

Naturkeller

Grundlagen der Kühllagerung und Anleitungen für Planung und Bau naturgekühlter Lagerräume im Haus und Freiland. Von Claudia Lorenz-Ladener. 140 Seiten, mit vielen Abbildungen, 19,90 €

Gestalten mit Holz im Garten

Bodenbeläge, Holzdecks, Zäune, Rankgerüste, Lauben. Bauanleitungen und Gestaltungsideen für Nützliches und Dekoratives aus Schnittholz und aus grünem Holz. Von Heidi Howcroft. 136 Seiten, mit vielen Abbildungen, 15,95 €

Einfache Lauben und Hütten selbst gebaut

Einfache Paradiese zum Selbstbauen. Bauanleitungen für schnell zu errichtende Behausungen (Tipi, Baumhaus, Kuppelbau, Hogan etc.), sowie für schöne Lauben für den Garten oder die freie Natur. Von Claudia Lorenz-Ladener. 160 Seiten, mit vielen farbigen Abbildungen, 16,95 €

Kleine grüne Archen

Passivsolare Gewächshäuser als Alternative zum transparenten Standard-Gewächshaus. Das Buch zeigt, wie Solargewächshäuser freistehend, angelehnt oder teilweise in der Erde versenkt auch selbst gebaut werden können. Von Claudia Lorenz-Ladener. 128 Seiten, mit vielen farbigen Abbildungen, 22,90 €

Mit Weiden bauen

Anleitungen für Zäune, Laubengänge, Wigwams, Sitzplätze und grüne Kuppeln. Arbeiten mit lebendem Material, aus dem sich viele schöne, nützliche Dinge herstellen lassen.
Von Jon Warnes. 60 Seiten, mit vielen farbigen Abbildungen, 12,95 €

Färben mit Pflanzen

Färbepflanzen - Rezepte - Anwendung. Aufbereitung und Anwendung heimischer Färbepflanzen zum Färben von Wolle und Stoffen werden in zahlreichen Rezepten detailliert beschrieben.
Von Dorit Berger. 96 Seiten, mit vielen farbigen Abbildungen, 12,95 €

Bauen mit Frischholz

Vom Spalier bis zur Laube – frisches grünes Holz ist ein ausgezeichnetes Material, um daraus nützliche Gartenobjekte herzustellen. Mit Schritt-für-Schritt-Anleitungen für Pflanzbehälter, Spaliere, Bänke, Lauben usw. Von Alan und Gill Bridgewater. 80 Seiten, mit vielen Abbildungen, 12,95 €

Essbare Wildpflanzen aus dem Hausgarten

150 Arten: Obst, Kräuter, Gemüse. Wie eine dauerhafte Pflanzenlandschaft aus fruchttragenden Bäumen und Sträuchern, wilden Stauden sowie Kräutern und essbaren Bodendeckern geschaffen werden kann. Mit mehr als 70 Pflanzenporträts essbarer Wildfrüchte, Wildkräuter und Wildgemüse und Tipps zu deren Verwertung. Von Marlies Ortner. 126 Seiten, mit vielen Abbildungen, 15,95 €

Bunte Körbe aus Gräsern und Kräutern

Die Technik des Korbwickelns neu entdeckt. Anleitungen zur Herstellung von bunten Körben durch Wickeln und Vernähen von Strängen aus heimischen Faserpflanzen. Mit vielen Schritt-für-Schritt-Anleitungen. Von Walter Friedl. 96 Seiten, mit vielen farbigen Abbildungen, 17,95 €

Hauserneuerung

Instandsetzen - Modernisieren - Energiesparen - Umbauen: mit Anleitung zur Selbsthilfe. Das Buch beschreibt ausführlich den behutsamen, handwerklich sachgerechten und umweltverträglichen Umgang mit alter Bausubstanz. Von G. Haefele, W. Oed und L. Sabel. 256 Seiten, mit vielen Abbildungen, 28,90 €

Vom Altbau zum Effizienzhaus

Energietechnische Gebäudesanierung in der Praxis: Nachträgliche Wärmedämmung der Gebäudehülle, Fenstererneuerung, sowie Sanierung der Haustechnik einschließlich Lüftung, Heizung, Sanitär und Elektro. Hrsg. von Ingo Gabriel und Heinz Ladener. 200 Seiten, mit vielen farbigen Abbildungen, 36,- €

Praxis: Holzfassaden

Material, Planung, Ausführung. Das Buch zeigt nicht nur die gestalterischen Möglichkeiten moderner Holzfassaden, sondern stellt zahlreiche vorbildliche Beispiele und Detaillösungen mit Ecken, Sockel, Dach- und Fensteranschlüssen vor. Von Ingo Gabriel. 112 Seiten, mit vielen farbigen Abbildungen, 28,- €

Handbuch Lehmbau

Umfassendes Lehrbuch und Nachschlagewerk: Es zeigt Einsatzmöglichkeiten, Eigenschaften und Verarbeitungstechniken des Baustoffes Lehm. Mit Forschungsergebnissen und Beschreibungen ausgeführter Lehmhäuser. Von Gernot Minke. 222 Seiten, mit vielen Abbildungen, 38,- €

Neues Bauen mit Stroh in Europa

Bauen mit großformatigen Quadern aus gepresstem Stroh: gebaute Beispiele, erprobte Bauformen und Konstruktionen, Besonderheiten, neue Projekte und Forschungen. Von H. u. A. Gruber u. H. Santler. 112 Seiten, mit vielen Abbildungen, 14,95 €

Handbuch Strohballenbau

Ein Konstruktions-Handbuch, das Konzeption, Bautechnik und alle Details beschreibt, um aus Strohballen gut gedämmte, dauerhafte Häuser zu bauen. Mit vielen Konstruktionsdetails und Beispielen. Von Gernot Minke und Benjamin Krick. 152 Seiten, mit vielen farbigen Abbildungen, 29,90 €

Die neue Heizung

Umweltfreundlich und wirtschaftlich heizen mit Gas, Holz, Strom und Sonnenenergie. Eine vergleichende Übersicht über moderne Heizungstechniken und deren Einsatz in gut gedämmten Gebäuden. Von M. Schulz u. H. Westkämper. 230 Seiten, mit vielen farbigen Abbildungen, 29,90 €

Regenwasser für Garten und Haus

Ein kompetenter Ratgeber für Planung und Bau von Regenwassersammelanlagen nach dem Stand der Technik: Bemessung, Genehmigung, Speichertanks, Pumpen, Rohrleitungen, Zubehör. Von Karlheinz Böse. 96 Seiten, mit vielen Abbildungen, 12,95 €

Autonome Stromversorgung

Auslegung, Aufbau und Praxis autonomer Stromversorgungsanlagen mit Batteriespeicher für Beleuchtung und für netzferne Handwerks- u. Landwirtschaftsbetriebe. Von Philipp Brückmann und Georg Bopp. 126 Seiten, mit vielen Abbildungen, 18,95 €

Unsere Bücher erhalten Sie in allen Buchhandlungen.
www.oekobuch.de · E-Mail: verlag@oekobuch.de

ökobuch *Zukunft leben*